集成电路版图设计技术探究

杜成涛　方　杰　张德平　著

中国科学技术大学出版社

内 容 简 介

目前我国集成电路发展正处在黄金时期,其设计、制造和封装测试都面临着极大的发展机遇。本书以集成电路版图设计为研究对象,系统、深入地研究了基于 Cadence 软件的集成电路版图设计技术、编辑和验证的方法。探讨了集成电路版图在新技术下的新变化;探究了静电放电和闩锁效应的微观原理,以及如何放置保护环来正确防护闩锁效应;系统研究了信号完整性、低功耗设计、集成电路噪声设计技术及技巧、集成电路的寄生参数等问题,并为从事集成电路设计和制造的专业人员提供了一些建议和指导。

图书在版编目(CIP)数据

集成电路版图设计技术探究/杜成涛,方杰,张德平著.—合肥:中国科学技术大学出版社,2021.2
ISBN 978-7-312-05050-3

Ⅰ.集… Ⅱ.①杜… ②方… ③张… Ⅲ.集成电路—电路设计 Ⅳ.TN402

中国版本图书馆 CIP 数据核字(2020)第 164170 号

集成电路版图设计技术探究
JICHENG DIANLU BANTU SHEJI JISHU TANJIU

出版	中国科学技术大学出版社 安徽省合肥市金寨路 96 号,230026 http://press.ustc.edu.cn https://zgkxjsdxcbs.tmall.com
印刷	合肥市宏基印刷有限公司
发行	中国科学技术大学出版社
经销	全国新华书店
开本	710 mm×1000 mm　1/16
印张	14.25
字数	296 千
版次	2021 年 2 月第 1 版
印次	2021 年 2 月第 1 次印刷
定价	50.00 元

前　言

集成电路版图设计是指把一张电子电路图设计成用于集成电路制造的光刻掩膜图形,再经过工艺加工,制造出能够应用于实际的集成电路。因此,版图设计是连接电子电路和集成电路工艺的桥梁,它在集成电路发展过程中起着重要的作用。

本书是由从事集成电路设计和制造的专业技术人员会同高校一线骨干教师,融合版图设计理论和设计实践,同时吸收高等教育改革的成果而编写完成的,具有定位准确、注重能力、内容创新、结构合理、叙述通俗的特色。

本书讨论基于 Cadence 软件的集成电路版图设计原理、编辑和验证的方法。全书共分为9章,第1章讲解集成电路的发展现状和发展史;第2章和第3章介绍版图设计需要掌握的半导体器件及集成电路的原理和制造工艺基础;第4章介绍上机必须掌握的 UNIX/Linux 操作系统和 EDA 设计软件的基础知识;第5章介绍集成电路的版图设计和设计方法;第6章介绍集成电路版图设计入门操作;第7章介绍版图验证技术和方法;第8章探讨集成电路版图设计常用电路;第9章探究版图设计重点技术。

本书第2章、第5章、第8章、第9章由杜成涛编写,第1章、第3章、第4章由方杰编写,第6章、第7章由张德平编写,全书由杜成涛统稿。

本书的出版由国家自然科学基金项目(项目编号:61302179)、安徽省高校自然基金重点项目(项目编号:KJ2019A0619)及皖西学院质量工程项目(项目编号:wxxy2019094)资助完成。

　　本书可供集成电路版图设计工程技术人员参考,也可用作高校及微电子行业的培训参考书。

　　由于编者水平有限,错误和不足在所难免,恳请读者批评指正。

杜成涛　方杰　张德平

2020 年 3 月于皖西学院

目　　录

第 1 章　集成电路的现状和发展史

本 章 要 点

1. 集成电路的概念。
2. 集成电路的发明和发展史。
3. 集成电路的未来发展趋势。
4. 半导体产业的重要性。
5. 我国集成电路的发展现状。
6. 我国集成电路的设计现状和设计方向。
7. 我国集成电路设计的人才状况。

集成电路(Integrated Circuit, IC)是一种微型电子器件或部件,是指通过一定的加工工艺,将一个电路中所需的晶体管、电阻、电容和电感等元件及布线互连在一起,按照一定的电路连接集成在一块或几块半导体晶片或介质基片上,然后封装在一个管壳内,作为一个不可分割的整体执行某一特定功能的电路组件或微型结构。

由于所有元件在结构上已组成一个整体,使电子元件向着微小型化、低功耗、智能化和高可靠性方面迈进了一大步。集成电路的发明者为杰克·基尔比[基于锗(Ge)的集成电路]和罗伯特·诺伊斯[基于硅(Si)的集成电路]。当今,半导体工业大多数应用的是基于硅的集成电路。

集成电路已经在各行各业中发挥着非常重要的作用,是构建现代信息社会的基石。如今,集成电路的含义已经远远超过了其刚诞生时的定义范围,但其最核心的部分仍然没有改变,那就是"集成",其所衍生出的各个学科,大都是围绕着"集成什么""如何集成""如何处理集成带来的弊端"这三个问题来展开的。硅集成电路是主流,就是把实现某种功能的电路所需的各种元件都放在一块硅片上,所形成的整体被称作集成电路。

集成电路产业可谓是战略性、基础性和先导性产业,是发展数字经济的重要支撑,在信息技术领域具有核心地位。当前,世界各国特别是发达国家争相抢占集成电路产业的战略制高点。

在电子信息技术的发展过程中,已经发明和采用了种类繁多的电子电路,其中不乏成熟和经典的作品。但是,这些优秀的电路并非都适合制作成集成电路,只有用途广、批供大、电路形式简单、性能可规格化的电路才是集成电路的首选。模拟集成电路因其重要性而受到电子信息界的极大关注,因此本书将主要探究当今重要的集成电路 CMOS 模拟电路,同时简要探讨基本的 CMOS 数字电路。

1.1　集成电路的发明和发展史

1.1.1　集成电路的发明

集成电路,顾名思义,就是把一定数量的常用电子元件,如电阻、电容、晶体管等,以及这些元件之间的连线,通过半导体工艺集成在一起的具有特定功能的电路。

为什么会产生集成电路? 我们知道任何发明创造的背后都是有驱动力的,而驱动力往往来源于问题。那么集成电路产生之前的问题是什么呢? 1942 年在美国诞生了世界上第一台电子计算机,它是一个占地 150 m²、重达 30 t 的庞然大物,里面的电路使用了 1.7 万多个电子管、7200 个电阻、1 万个电容、50 万条线,耗电量达 150 kW。显然,占地面积大、无法移动是它最直观和突出的问题,如果能把这些电子元件和连线集成在一小块载体上该有多好! 我们相信,有很多人都思考过这个问题,也提出过各种想法。1952 年 5 月,英国皇家研究所的科学家达默就在论文中第一次提出了集成电路的设想,文中说道:"可以想象,随着晶体管和半导体工业的发展,电子设备可以在一个固体块上实现,而不需要外部的连接线,这块电路将由绝缘层、导体和具有整流放大作用的半导体材料组成。"这样一来,电子线路的体积就可以大大缩小,而其可靠性则会大幅提高。这就是初期集成电路的构想。

集成电路的诞生首要要归功于晶体管的发明。晶体管的诞生使集成电路的构想成为可能,1947 年 12 月美国贝尔实验室的巴丁和布拉顿发明了第一个点接触型晶体管。1948 年肖克莱提出了结型晶体管理论。此后,结型晶体管基本取代了点接触型晶体管。而在此之前要实现电流放大功能只能依靠体积大、耗电量大、结构脆弱的电子管。晶体管具有电子管的主要功能,并且克服了电子管的缺点。由于巴丁、布拉顿和肖克莱的杰出贡献,所以他们共同获得了 1956 年诺贝尔物理学奖。

晶体管是 20 世纪最伟大的发明之一。晶体管的发明使人类社会步入电子时代,对人类社会的各种领域都产生了深刻的影响。

在晶体管发明后,很快就出现了基于半导体的集成电路的构想,随之很快发明出了集成电路。经过几年的实践,随着工艺技术水平的提高,1958 年以科学家杰克·基尔比为首的美国德州仪器公司的研究小组制造出了世界上第一块集成电路。随后,杰克·基尔比和罗伯特·诺伊斯在 1958~1959 年间分别发明了锗集成电路和硅集成电路。集成电路的发明具有划时代的意义,它翻开了半导体科学与技术史上全新的篇章,杰克·基尔比也因此在 2000 年获得了诺贝尔物理学奖。

1.1.2　半导体集成电路发展史

1947 年,美国贝尔实验室的约翰·巴丁、沃特·布拉顿、威廉·肖克莱三人发明了晶体管,这是微电子技术发展中的第一个里程碑。

1950 年,肖克莱开发出双极型晶体管,这是现在通行的标准晶体管。同年,奥尔和肖克莱发明了离子注入工艺。

1951 年,场效应晶体管发明。

1956 年,富勒发明了扩散工艺。

1958 年,美国德州仪器公司的青年工程师基尔比将几个锗晶体管芯片粘在一个锗片上,并用细金丝将这些晶体管连接起来,形成了世界上第一个集成电路。

1960 年,卢尔和克里斯坦森发明了光刻工艺。

1961 年,罗伯特·诺伊斯被授予第一个集成电路专利。最初的晶体管对收音机和电话而言已经足够,但新的电子设备要求规格更小的晶体管,即集成电路。

1962 年,美国无线电公司(简称 RCA 公司)研制出了 MOS 场效应晶体管。

1963 年,万拉斯和萨赫首次提出 CMOS 技术。今天,95% 以上的集成电路芯片都是基于 CMOS 技术。

1964 年,戈登·摩尔提出摩尔定律,预测未来一个芯片上的晶体管集成度将会每 18 个月增加 1 倍(至今依然基本适用),这便是著名的摩尔定律。

1966 年,美国无线电公司研制出 CMOS 集成电路及第一块门阵列(50 门),这为如今的大规模集成电路的发展奠定了坚实的基础,具有里程碑意义。

1967 年,美国应用材料公司成立,现已成为全球最大的半导体设备制造公司。

1968 年,罗伯特·诺伊斯和戈登·摩尔从美国仙童半导体公司辞职,创办了一个新的企业,即英特尔公司,其英文名 Intel 为“集成电子设备”(integrated electronics)的缩写。

1969 年,英特尔公司为日本计算机公司最新研发的“Busicom 141-PF”计算机设计了 12 个芯片。但英特尔公司的工程师泰德·霍夫等人却根据日本公司的需求提出了另一套设计方案。于是便诞生了历史上第一个微处理器——4004。同年,罗伯特·诺伊斯用硅平面工艺制造出了第一个实用化的集成电路芯片,这个芯片包含 4 个晶体管和 6 个电阻器,组成了一个环形振荡器。集成电路的发明为人类开创了微电子时代的新纪元。

1970年,汉米尔顿公司推出的"普尔萨"是世界上第一块数字手表。

1971年,英特尔公司推出1 kB动态随机存取存储器(DRAM),包含2000多个晶体管,采用Intel 10 μm PMOS技术生产,标志着大规模集成电路的出现。同年,全球第一个微处理器4004微处理器由英特尔公司推出,4004微处理器的规格为1/8英寸×1/16英寸,包含2000多个晶体管,采用Intel 10 μm PMOS技术生产。这是一个里程碑式的发明。

1974年,美国无线电公司推出了第一个CMOS微处理器——1802。

1976年,16 kB DRAM(动态随机存取存储器)和4 kB SRAM(静态随机存取存储器)问世。

1978年,64 kB DRAM诞生,在不足0.5 cm^{2}的硅片上集成了14万个晶体管,标志着超大规模集成电路时代的来临。

1979年,英特尔公司标志性地把英特尔8088微处理器销售给国际商业机器公司(简称IBM公司)新的个人电脑事业部,武装了其新产品IBM PC的中枢大脑。16位8088微处理器包含2.9万个晶体管,运行频率为5 MHz、8 MHz和10 MHz。8088微处理器的成功推动了英特尔进入《财富》(Fortune)世界500强企业排名,《财富》杂志将英特尔公司评为"七十大商业奇迹之一"。在英特尔公司推出5 MHz 8088微处理器之后,IBM公司基于8088微处理器推出了全球第一台个人计算机(PC)。

1981年,256 kB DRAM和64 kB SRAM问世。

1982年,286微处理器推出,可运行为英特尔前一代产品所编写的所有软件。286微处理器包含1.34万个晶体管,运行频率为6 MHz、8 MHz、10 MHz和12.5 MHz。

1984年,日本宣布推出1 MB DRAM和256 kB SRAM(静态随机存取存储器)。

1985年,英特尔386微处理器问世,包含27.5万个晶体管,是最初4004微处理器晶体管数量的100多倍。386微处理器是32位芯片,具备多任务处理能力,即它可在同一时间运行多个程序。

1988年,16 MB DRAM问世,1 cm^{2}大小的硅片上集成有3500万个晶体管,标志着特大规模集成电路时代的来临。

1989年,1 MB DRAM进入市场。同年,486微处理器推出,最先25 MHz芯片采用1 μm工艺,后来50 MHz芯片采用0.8 μm工艺。

1990年,三星集团(简称三星)推出16 MB DRAM。

1991年,华邦成功开发首颗64 kB SRAM。

1992年,64位随机存储器问世。英特尔开始采用8英寸晶圆。三星成为全球最大的DRAM厂商。台湾地区各半导体厂陆续采用0.6 μm制程技术。

1993年,英特尔奔腾处理器问世,包含300万个晶体管,采用英特尔0.8 μm制程技术生产。同年,三星建立第一个8英寸晶圆厂,并成为全球最大的存储器厂商。同年,IBM 公司和摩托罗拉推出首个用于 PC 的 RISC 芯片。

1994 年,三星推出全球第一块 256 MB DRAM。联电、华邦开发完成 0.5 μm 制程。

1995 年,日本电气股份有限公司(简称 NEC 公司)开发出全球第一块 1 GB DRAM。同年,英特尔公司分别发布奔腾 120 MHz、奔腾 133 MHz、奔腾 150 MHz、奔腾 166 MHz、奔腾 180 MHz、奔腾 200 MHz 处理器,采用 0.6～0.35 μm 工艺,工艺技术上升到 0.35 μm。

1996 年,三星推出 1 GB DRAM。同年,三星在美国奥斯汀建厂。

1997 年,英特尔公司 300 MHz 奔腾 2 微处理器问世,采用 0.25 μm 工艺。自此,集成电路进入深亚微米时代。

1998 年,三星宣布推出首块 128 M 闪存。

1999 年,英特尔公司发布了奔腾 3 处理器,奔腾 3 处理器包含 950 万个晶体管,采用 0.25 μm 工艺,后采用 0.18 μm 工艺。

2000 年,1 GB RAM 投放市场。

2001 年,英特尔公司宣布 2001 年下半年采用 0.13 μm 工艺。

2002 年,英特尔公司推出奔腾 4 处理器,高性能桌面台式电脑由此可实现每秒 22 亿个周期运算。它采用英特尔 0.13 μm 制程技术生产,含有 5500 万个晶体管。同年,英特尔公司实现了 90 nm 制程技术的若干技术突破,包括高性能、低功耗的晶体管,应变硅,高速铜质接头和新型低 k 介质材料。这是业内首次在生产中采用应变硅。

2003 年,针对笔记本电脑的英特尔迅驰移动技术平台诞生,包括英特尔最新的移动处理器“英特尔奔腾 M 处理器”。该处理器基于全新的移动优化微体系架构,采用英特尔 0.13 μm 制程技术生产,包含 7700 万个晶体管。同年,AMD Athlon 64 处理器正式推出,Athlon 64 的发布才真正宣告了个人 64 位计算机时代的到来。

2004 年,美国德州仪器公司宣布单芯片手机,并发布 65 nm 工艺。

2005 年,英特尔公司的第一个主流双核处理器“英特尔奔腾 D 处理器”诞生,含有 2.3 亿个晶体管,采用英特尔领先的 90 nm 制程技术生产。

2006 年,三星采用 40 nm 工艺制造出 32 GB NAND 型闪存,集成了 328 亿个存储器元胞。同年,三星、IBM 公司和特许半导体公司共同为美国高通公司生产出第一个 90 nm 处理器。三星推出基于 32 MB 闪存的固态硬盘 SSD,使闪存在 PC 中逐渐替代硬盘成为趋势。这一年,英特尔终于放弃了 Netburst 架构,推出了 Core 2 微架构再一次震动了业界。首款 Core 2 Duo 处理器拥有 1.67 亿个晶体管,基于 65 nm 工艺,拥有 4 MB 二级缓存,前端总线频率为 1066 MHz。同时,英特尔酷睿 2 双核处理器诞生。该处理器包含 2.9 亿多个晶体管,采用英特尔 65 nm 制程技术。

2007 年,英特尔公司发布了针对桌面电脑的 65 nm 制程英特尔酷睿 2 四核处理器和另外两款四核服务器处理器。英特尔酷睿 2 四核处理器包含 5.8 亿多个晶体管。同年,基于全新 45 nm High-K 工艺的英特尔酷睿 2 E7/E8/E9 上市。

2009 年,英特尔酷睿 i 系列全新推出,创纪录采用了领先的 32 nm 工艺,并且下一代 22 nm 工艺正在研发。

2011 年,台湾积体电路制造股份有限公司(简称台积电)宣布 28 nm 制程工艺正式迈入量产阶段,成为芯片代工行业首个量产 28 nm 产品的厂商。

2012 年,英特尔公司发布 22 nm 工艺和第三代处理器。

2014 年,三星宣布了世界首个 14 nm FinFET 3D 晶体管进入量产,标志着半导体晶体管进入 3D 时代。

2015 年,英特尔 14 nm 处理器终于迎来了第一轮爆发,第五代 Core 系列处理器正式登场。同年,台积电宣布已经正式开始量产 16 nm FinFET 工艺产品,中芯国际宣布 28 nm 产品实现量产。

2016 年,三星宣布实现 10 nm 工艺在移动处理器上的全球率先量产。

2017 年,台积电解决 10 nm 工艺生产良率的问题,量产苹果 A11 芯片。同年,英特尔在"Intel 精尖制造日"上首次向全球展示了其 10 nm 晶圆。

1.1.3　我国集成电路发展史

我国集成电路产业诞生于 20 世纪 60 年代,共经历了三个发展阶段:

1965~1978 年(第一阶段),以计算机和军工配套为目标,以开发逻辑电路为主要产品,初步建立集成电路工业基础及相关设备、仪器、材料的配套条件。

1978~1990 年(第二阶段),主要引进美国二手设备,改善集成电路装备水平,在"治散治乱"的同时,以消费类整机作为配套重点,较好地解决了彩电集成电路的国产化。

1990~2000 年(第三阶段),以 908 工程、909 工程为重点,以 CAD 为突破口,紧抓科技攻关和北方科研开发基地的建设,为信息产业服务。集成电路行业取得了新的发展。

我国的集成电路产业起步相对较晚,自 20 世纪 60 年代中期至今已形成了产品设计、芯片制造、电路封装共同发展的态势。我们相信,随着我国经济的发展和对集成电路的重视程度的提高,我国集成电路事业会有更大的发展。

1956 年,我国提出"向科学进军",根据国外发展电子器件的进程,提出了中国也要研究半导体科学,把半导体技术列为国家四大紧急措施之一。

1959 年,天津拉制出硅单晶。

1960 年,中国科学院在北京建立半导体研究所,同年在河北建立工业性专业化研究所——河北半导体研究所。

1962 年,我国研究制成硅外延工艺,并开始研究采用照相制版及光刻工艺。

1963 年,河北省半导体研究所制成硅平面型晶体管。

1964 年,河北省半导体研究所研制出硅外延平面型晶体管。

1968 年,组建国营东光电工厂(878 厂)、上海无线电十九厂,至 1970 年建成投产,形成中国集成电路(IC)产业中的"两霸"。

1982 年,江苏无锡的江南无线电器材厂(742 厂)集成电路生产线建成验收投产,这是一条从日本东芝公司全面引进彩色和黑白电视机集成电路的生产线,不仅拥有全部封装,而且有 3 英寸全新工艺设备的芯片制造线,不但引进了设备和净化厂房及动力设备等"硬件",而且还引进了制造工艺技术等"软件",这是中国第一次从国外引进集成电路技术。第一期 742 厂共投资 2.7 亿元,建设目标是月产 1 万片 3 英寸硅片,年产 2648 万块 IC 成品,产品为双极型消费类线性电路,包括电视机电路和音响电路。到 1984 年量产,产量达 3000 万块,成为中国技术先进、规模最大、具有工业化大生产的专业化工厂。

1982 年,国务院为了加强全国计算机和大规模集成电路的领导,成立了"电子计算机和大规模集成电路领导小组",制定了中国 IC 发展规划,提出"六五"期间要对半导体工业进行技术改造。

1988 年,上海无线电十四厂在技术引进项目、建设新厂房的基础上,成立了中外合资公司——上海贝岭微电子制造有限公司。在上海元件五厂、上海无线电七厂和上海无线电十九厂联合搞技术引进项目的基础上,组建成中外合资公司——上海飞利浦半导体公司(现在的上海先进半导体制造有限公司)。

1989 年,742 厂和永川半导体研究所无锡分所合并成立了中国华晶电子集团公司。

1990 年,国家计委和机电部在北京联合召开了有关领导和专家参加的座谈会,并向党中央进行了汇报,决定实施 908 工程。

1991 年,首都钢铁公司和日本 NEC 公司成立中外合资公司——首钢 NEC 电子有限公司。

1995 年,我国电子工业部提出"九五"集成电路发展战略:以市场为导向,以 CAD 为突破口,产学研用相结合,以我国为主,开展国际合作,强化投资,加强重点工程和技术创新能力的建设,促成集成电路产业进入良性循环。同年 10 月,我国电子工业部和国家外国专家局在北京联合召开国内外专家座谈会,献计献策,加速我国集成电路产业的发展。11 月,电子工业部向国务院做了专题汇报,确定实施 909 工程。

1997 年,由上海华虹集团与日本 NEC 公司合资的上海华虹 NEC 电子有限公司组建,总投资额为 12 亿美元,注册资金为 7 亿美元,此公司主要承担 909 工程超大规模集成电路芯片生产线项目建设。

1998 年 1 月,华晶电子有限公司与上华电子有限公司合作生产的 MOS 管晶圆片合约签订,有效期为 4 年,华晶公司的芯片生产线开始承接上华公司的来料加工业务。中国华大集成电路设计中心向国内外用户推出了熊猫 2000 系统,这是我国自主开发的一套 EDA 系统,可以满足亚微米和深亚微米工艺的需要,可处理规模达百万门级,支持高层次设计。同年 10 月,华越集成电路引进的日本富士通设备和技术的生产线开始验收试制投片,该生产线以双极型工艺为主,兼顾 BiCMOS 工艺、2 μm 技术水平,年投 5 英寸硅片 15 万片,拥有年产各类集成电路芯片 1 亿个的前道工序生产线及动力配套系统。

2000 年,中芯国际集成电路制造(上海)有限公司成立。

2001 年,国务院第 36 次常务会议通过了《集成电路布图设计保护条例》。

2003 年,杭州士兰微电子股份有限公司上市,成为国内集成电路设计第一股。同年 6 月,台积电(上海)有限公司落户上海,并于 2005 年 4 月正式投产。

2005 年,中星微电子有限公司在美国纳斯达克上市,成为第一家在美国上市的中国集成电路设计公司。

2006 年,无锡市海力士意法半导体公司在无锡投产。

2014 年,国家集成电路产业投资基金股份有限公司成立,具有标志性意义。

2018 年,国家集成电路产业投资基金股份有限公司总裁丁文武介绍,截至 2017 年底,公司累计有效决策投资 67 个项目,累计项目承诺投资额 1188 亿元,实际出资 818 亿元,分别占一期募资总额的 86% 和 61%。投资项目覆盖了集成电路设计、制造、封装测试、装备、材料、生态建设等各环节,实现了产业链上的完整布局。

集成电路产业是对集成电路产业链各环节市场销售额的总体描述,它不仅仅包含集成电路市场,还包括 IP 核市场、EDA 市场、芯片代工市场、封装测试市场,甚至延伸至设备、材料市场。

集成电路产业不再依赖 CPU、存储器等单一器件发展,移动互联、三网融合、多屏互动、智能终端带来了多重市场空间,商业模式的不断创新为市场注入了新的活力。目前我国集成电路产业已具备一定基础,多年来我国集成电路产业所聚集的技术创新活力、市场拓展能力、资源整合动力以及广阔的市场潜力,为产业在未来 5 至 10 年实现快速发展、迈上新的台阶奠定了基础。

集成电路产业可谓是战略性、基础性和先导性产业,是发展数字经济的重要支撑,在信息技术领域的核心地位十分突出。当前,世界各国特别是发达国家争相抢占集成电路产业的战略制高点。

自 2014 年国家集成电路产业投资基金股份有限公司成立以来,我国斥巨资打造芯片强国,这条路越走越顺,离理想也越来越近。我们有理由坚信,中国在自主芯片产业领域的雄心壮志终将实现。

1.2　集成电路的发展

1.2.1　集成度的提高

真正导致数字集成电路技术发生革命性变化的是半导体存储器和处理器的引入。1970 年出现了 1 kB 的半导体存储器,1972 年推出了包含 2250 个 MOS 管的微处理器 i404。

集成度是集成电路的一个重要概念,它是指芯片包含的晶体管数目,通常用折算为 2 输入门的等效门数来表示,即一个门等于 4 个晶体管。在近 40 多年里,集成电路的集成度迅速提高,经历了小规模(SSI)、中规模(MSI)、大规模(LSI)、超大规模(VLSI)、特大规模(ULSI)阶段之后,目前已开始进入巨大规模(GSI)集成电路阶段。

从技术角度来讲,集成度的提高主要依赖于晶体管尺寸的缩小和芯片面积的增大。

晶体管尺寸缩小有两个明显的优点:① 电路的速度加快。目前集成电路的速度已达 1000 MHz 以上。② 晶体管密度(即每平方毫米硅片中所包含的晶体管数目)增加,但并不会使集成电路的成本上升,因而每一个晶体管的成本迅速下降。这些优点驱动着集成电路工业致力于集成度的提高,并不断提高产品的性价比。在达到最小尺寸的物理极限之前,晶体管尺寸逐渐减小的趋势还会继续下去。

提高集成度的另一途径是加大芯片的面积,但过分地增加芯片面积会使每个硅晶圆片上的有效芯片数减少。另外,由于硅晶体结构不可避免的缺陷发生的可能性随其面积的增加而增大,也会使集成电路生产的良品率下降,引起制造成本上升。

解决这一问题的办法是加大硅晶圆片的直径,使每一硅晶圆片上可以容纳更多的芯片。硅晶圆片的直径已从 20 世纪 60 年代初的 25 mm 发展到 20 世纪 90 年代的 200 mm,目前很多工厂采用 300 mm 直径的硅晶圆片甚至更大直径的硅晶圆片。

1.2.2　摩尔定律

摩尔是英特尔公司的创始人之一,他通过对集成电路发展的总结,于 1965 年提出了摩尔定律,即芯片的集成度每 3 年提高 4 倍(大约 18 个月翻倍),器件尺寸则每 3 年以 0.7 倍的比率缩小。此后的发展历史完全证明了摩尔定律与实际趋势惊人的接近。

集成电路发明以后,并没有立即迅速发展起来,除了技术成熟需要一定时间外,主要是因为当时还存在许多问题。如:① 在半导体材料上以同一种工艺制作的众多元件,其电特性肯定不如分立晶体管或分立电阻、电容元件好。② 既然集成电路的成品率是各元件成晶率的乘积,那么大型集成电路的成品率将很低,生产大型集成电路将变得不现实。③ 集成电路设计费很高,且很难更改。当时已有的电路种类很多,若逐个将这些电路复制成集成电路必然成本很高,有的也很难实现。

显然,简单地"复制"那些电子电路专家精心设计的、成熟的、种类繁多的电路,对集成电路来说显然是不现实的。只有生产用途广、批量大、电路形式简单、性能可规格化的电路才能降低成本、提高成晶率,使集成电路具有竞争力。这类电路是存在的,即数字电路中的逻辑电路,因为它可以用"逻辑门"的基本单元来组成,即只要用"与非门""或非门""反相器"等少数几种门电路就可以了。另外,许多常用数字系统的功能也可由一些做在同一芯片上的逻辑门经过适当连接而成。这样就可以归纳、设计出一些既能完成各种系统功能,又能相互兼容的基本积木单元,充分发挥集成电路可同时大量生产同一品种的突出优点,使成本大大降低。

自 1961 年起,便有几种标准逻辑的数字电路问世,如 RTL、DTL、TTL 和CMOS 等。到了 20 世纪 60 年代后期,生产商已具备了制作电路更复杂、集成度更高的单片电路的能力。经过电子系统设计单位和集成电路生产厂的共同努力,终于找到了令双方都满意的产品。

半导体存储器代替磁心可以大大缩小计算机的体积,使计算机的功耗显著降低。对于半导体厂大量低成本生产的通用微处理器,用户只要编制不同的软件就能使整机去完成自己特定的任务。

20 世纪 80 年代中期以来,出现了 ASIC(Application Specific Integrated Circuit)这一术语。ASIC 直译为"专用集成电路",它是面向专门用途的电路,以区别于上述标准逻辑电路产品。目前在集成电路行业 ASIC 被认为是用户专用集成电路(Customer Specific Integrated Circuit),即它是根据用户的特定要求,专门为用户设计和制造的,能够以低研制成本、短交货期供货的电路。

ASIC 的提出和发展表明集成电路进入了一个新的阶段。通用的、标准的集成电路已不能完全适应电子系统日新月异的变化。每个电子系统生产厂都希望推出具有特色和个性的产品,使产品更具竞争力,而 ASIC 恰好能满足这种要求。

1.3　集成电路发展现状

　　此节主要简要介绍发展集成电路的重要性,我国半导体集成电路的发展现状及存在的问题,集成电路设计的现状和发展方向,集成电路设计人才的需求现状。

　　半导体是现代高科技产业的基础,是支撑我国经济社会发展和保障国家安全的战略性、基础性和先导性产业,有着切实的安全需求和经济效益。我国是世界上半导体芯片产品最大的消耗国。半导体芯片年进口额超过 2300 亿美元,是我国第一大宗进口产品。同时,我国每年能够自给的芯片占需求总量的比例还不到 10%。

　　芯片强则产业强,芯片兴则经济兴,没有高端芯片就没有真正的产业安全和国家安全。在当今信息时代,集成电路技术是最重要、最基础的技术,是构建信息时代的基石。无论是计算机、手机、家电,还是汽车、高铁、电网、医疗仪器、机器人、工业控制等,产品核心和知识产权的载体都是集成电路。没有集成电路产业的支撑,信息社会就失去了根基。这也是集成电路被喻为现代工业的“粮食”的原因所在。

1.3.1　看好半导体产业的原因

1. 发展半导体是国家战略

　　在过去七年里,我国半导体集成电路进口替代工作进行得如何? 答案是令人遗憾的。

　　与我国其他行业制造能力逐渐提升,逆差逐渐减少的情况不同,集成电路的逆差在过去七年里一直处于不断上升的状态。从 2010 年的 1277.4 亿美元上升到 2016 年的 1657 亿美元。

　　2010 年,集成电路进口 1569.9 亿美元,出口 292.5 亿美元,逆差 1277.4 亿美元。

　　2011 年,集成电路进口 1702 亿美元,出口 325.7 亿美元,逆差 1376.3 亿美元。

　　2012 年,集成电路进口 1920.6 亿美元,出口 534.3 亿美元,逆差 1386.3 亿美元。

　　2013 年,集成电路进口 2313.4 亿美元,出口 877 亿美元,逆差 1436.4 亿美元。

　　2014 年,集成电路进口 2176.2 亿美元,出口 608.6 亿美元,逆差 1567.6 亿美元。

　　2015 年,集成电路进口 2307 亿美元,出口 693.1 亿美元,逆差 1613.9 亿美元。

2016 年,集成电路进口 2271 亿美元,出口 613.8 亿美元,逆差 1657.2 亿美元。

2017 年,集成电路进口 2604.8 亿美元,出口 668.8 亿美元,逆差 1936 亿美元。

到 2018 年,这个趋势仍然没有扭转,中国集成电路(芯片)进口额为 3120.6 亿美元,同比上涨 19.8%,出口额为 846.6 亿美元,同比增长 26.6%,逆差已突破 2000 亿美元大关,高达 2274.2 亿美元。

中国不仅是世界制造中心,而且处于下游的消费电子品牌的份额也在呈现向中国品牌集中的趋势,所以在相当长一段时间内,我国还会维持集成电路高进口额的趋势。

2014 年 6 月,国务院颁布《国家集成电路产业发展推进纲要》明确提出,到 2020 年,集成电路产业与国际先进水平的差距逐步缩小,全行业销售收入年均增速超过 20%。16/14 nm 制造工艺实现规模量产,封装测试技术达到国际领先水平,关键装备和材料进入国际采购体系,基本建成技术先进、安全可靠的集成电路产业体系。

2015 年,国务院颁布的国家 10 年战略计划《中国制造 2025》提出,2020 年中国芯片自给率要达到 40%,2025 年要达到 70%。

国家牵头设立集成电路产业投资基金,已承诺投资超 1000 亿元,涉及 40 家集成电路企业。撬动地方基金超过 5000 亿元,并筹备"二期"集成电路产业投资基金,总共将有万亿元投入带动产业链发展。

截至 2017 年 9 月,集成电路产业投资基金实际募集资金达到了 1387.2 亿元,共投资 55 个项目,涉及 40 家集成电路企业,累计项目承诺投资额为 1003 亿元,承诺投资额占首期募集资金的 72%。在半导体行业投资比例中,芯片制造业的资金为 65%,设计业为 17%,封装测试业为 10%,装备材料业为 8%。各个地方的集成电路产业投资基金也纷纷成立,例如北京、湖北、江苏、湖南、上海、福建、广东、安徽等也相继成立了规模不等的集成电路产业基金。

发展半导体产业是我国战略发展方向。目前,我国已经成为第三次半导体产业转移的核心地,已具备成为半导体强国的实力,现在正处于发展半导体产业的黄金时期。

2. 我国已具备所有发展半导体产业的有利条件

我国半导体产业的发展得到了政策的大力支持。集成电路产业投资基金已撬动 5000 亿地方资金,企业投资力度创历史新高;发展集成电路是国家战略方向,鼓励政策不断推出。2014 年 6 月,国务院颁布了《国家集成电路产业发展推进纲要》,提出设立国家集成电路产业投资基金,将半导体产业新技术研发提升至国家战略高度。且明确提出,到 2020 年,集成电路产业与国际先进水平的差距逐步缩小,全行业销售收入年均增速超过 20%,企业可持续发展能力大幅增强。我国针对半导体产业的发展路线制定了详细的目标,为设计、制造、封装测试等各个环节制定了明确的计划,同时为支持半导体产业的发展提供了行政、金融、税收等全方位的支持。

我国对半导体的需求量稳步上升，成为全国半导体市场增长的主要动力。5G、人工智能等兴起，使半导体产业在我国仍将有广阔的市场空间，而当前我国半导体自给率不足 30% 时，提高自给率迫在眉睫。

我国完整的产业链已初步形成。设计产业布局众多，晶圆制造投资热潮开启，封装测试技术已达国际领先水平，设备和材料等配套产业已起步。

1.3.2　集成电路设计现状

1. 发展迅速，产业占比最重

半导体设计企业是直接面向用户的产品开发商，承担着芯片开发的收益和风险，由于将制造、封装、测试等环节外包，故常被称为设计企业。设计是半导体产业链中最活跃的环节。

我国芯片设计产业持续快速增长。2016 年，中国设计业全行业销售额达 1644.3 亿元，比 2015 年增长 24.1%，并首次超越封装测试业，成为我国集成电路产业链中比重最大的产业。

部分国内企业已拥有较强的国际竞争力。中国的集成电路设计公司已从 2015 年的 736 家大幅增加到 2016 年的 1362 家。在纯设计企业方面，2009 年中国仅有深圳海思半导体有限公司一家进入全球 50 强，而 2016 年已有海思、展讯、中兴微电子等 11 家企业进入。我国集成电路设计企业合计销售额占全球的比例已从 2010 年的 5% 提升至 2016 年的 10%。

优质公司已凸显，行业集中度仍有提升空间。2016 年，中国的集成电路设计公司共有 1362 家，其中中国十大设计企业的销售总额达到 700.15 亿元，占全行业销售总和的比例从 2014 年的 23.8% 提升至 2016 年的 46.1%，但相比美国近 90% 的占比，我国的行业集中度明显偏低，还有很大的提升空间。

在看到进步的同时，也要看到差距，目前我国高端集成电路设计产能不足。我国芯片设计业的产品范围已经涵盖了几乎所有门类，且部分产品已拥有了一定的市场规模，但我国芯片产品总体上仍处于中低端，在高端市场上还无法与国外产品竞争。在我国集成电路每年超过 2000 亿美元的进口额中，处理器和存储器芯片占比超过 70%。

高端通用芯片与国外先进水平相比差距较大，主要体现在以下四个方面：

（1）移动处理器的国内外差距相对较小。紫光展锐、华为海思等在移动处理器方面已进入全球前列。

（2）中央处理器（CPU）是追赶难度最大的高端芯片。英特尔公司几乎垄断了全球市场，国内相关企业约有 3~5 家，但都没有实现商业量产，大多仍然依靠申请科研项目经费和政府补贴维持运转。龙芯等国内 CPU 设计企业虽然能够做出 CPU 产品,且在单一或部分指标上可能超越国外 CPU,但由于缺乏产业生态支撑,还无法与占主导地位的产品竞争。

(3) 存储器国内外差距同样较大。武汉长江存储科技有限责任公司试图发展 3D Nand Flash(闪存)技术,但目前仅处于 32 层闪存样品阶段,而三星、英特尔等全球龙头企业已开始陆续量产 64 层闪存产品。

(4) 对于 FPGA、AD/DA 等高端通用芯片,国内外技术悬殊。针对中国半导体设计产业的发展现状,半导体设计行业的发展重点是面向国家信息和社会安全,发展自主的 CPU 和安防产品;面向移动通信和智能电视,发展高端集成电路产品;面向安防行业、汽车、智能电网等特定领域,开发特色产品及 IP。

芯片设计位于半导体产业的最上游,是半导体产业最核心的基础,拥有极高的技术壁垒,需要大量的人力、物力投入,需要较长时间的技术积累和经验沉淀。目前,国内企业在 CPU 等关键领域与国外企业仍有较大的技术差距,短时间内实现赶超具有很大难度。但从近几年的产业发展来看,技术差距正在逐步缩小。同时,在国家大力倡导发展半导体的背景下,逐步实现芯片国产化可期。

2. 面临的挑战

设计业整体技术水平不高、核心产品创新不够、企业竞争实力不强、野蛮生长痕迹明显等问题依旧存在,影响设计业持续高速发展的深层次矛盾尚未缓解。

设计业的主流产品水平不高。虽然部分产品已经拥有了一定的市场规模,但总体来看,仍然处于中低端市场,在高端市场上还无法与国外产品竞争。从产品种类上看,我国芯片设计业的产品范围已经涵盖了几乎所有门类,每年的出货量也不算少,可产品单价很低。少数技术性能达到国际同行水平的产品,也由于成本等因素,无法形成规模。

创新能力不强。虽然有些企业也在尝试采用差异化策略,但由于基础技术不够坚实,时常显露出为了创新而创新的痕迹,资源导向的创新明显,市场导向的创新不足。

产业总体实力仍然较弱。虽然 2016 年中国十大设计企业的前两名已经进入世界排名前 10 的行列,但全行业的销售总和依然只有 228 亿美元。预计今年在全球 3200 亿美元左右的产品市场中,我国仅占 7.1%,这与庞大的市场需求极其不符。

产品升级换代主要依靠工艺和 EDA 工具进步的现象没有改观,基础能力提高较慢。国内设计企业很少能够根据自己的产品和所采用的工艺,自己定义设计流程,并采用更好的设计方法进行产品开发。尽管部分企业采用最先进的制造工艺,但做出的产品要比国际同行差很多。

企业价值虚高的情况愈演愈烈。随着国家集成电路产业投资基金的建立和社会资本加大对集成电路产业的投资,部分设计企业在盲目拉升自身价值,深刻影响到正在推进的产业整合。

1.3.3　加强研发

2018 年,特朗普政府宣布与中国开打"贸易战"。由于此战的矛头之一直指中国半导体业,导致国人开始觉醒要加强研发,走自主化成长的道路。之前我国半导体公司给外界的最深印象是大举砸钱进行国际并购,现在正转向以自主创新为主导。这其实并不是一种转变,而是一种战略的重新选择。

1. 研发的困难

推动中国半导体业发展的"三驾马车"——兼并、合资与合作以及研发。通过近几年的大量实践表明,尽管这三种方法都是十分有效且必要的,但形势十分紧迫,唯有加强研发才是根本出路。

众所周知,研发是一种投资行为,在研发之前至少要先回答以下这些问题。

研发什么? 这通常由市场、投资、能力、进程包括成功的概率等条件进行综合考量,有时决策是十分困难的,必须要有万一研发失败,或者达不到预期结果的预案准备。

因此对于任何一家企业,首先必须要有产品全球化的视野及争先的勇气与决心,要知道竞争对手是谁,差距在什么地方以及市场的定位是什么等。

对于中国的半导体业而言,为什么加强研发如此困难? 这是因为我国现阶段扮演的是追随者与学习者的角色,与先进地区之间的差距大,尚缺乏先进技术与人才,大部分企业的主要矛盾是求生存,不太可能拿出较多的利润来进行研发,况且研发的风险很大且周期长,加之还有中国传统观念的束缚等。所以大部分企业要过渡到由内在因素或者动力去加强研发可能尚未到时候,但如华为那样的企业,不让它加强研发几乎已不可能。

据 IC Insight 数据,2017 年全球半导体公司年研发投入大于 10 亿美元的前 10 名,总计研发投入达 359 亿美元,其中英特尔公司以 130 亿美元居首,高通为 34.5 亿美元,博通为 34.2 亿美元分别居于第 2 与第 3,台积电为 26.5 亿美元。它们的研发投入占销售额之比,英特尔为 21.2%,高通为 20.2%,博通为 19.2%,台积电为 8.3%。

在中国半导体业中,企业之间的研发投入是有差异性的,如领先的中芯国际集成电路制造有限公司每年研发投入在 2 亿~3 亿美元,占销售额之比约为 8%,仅达到全球代工研发投资的平均值。中国半导体业的年研发总计费用为 45 亿美元,还不及英特尔公司的一半。

此外,由于中国半导体业的特殊性,现阶段的研发受到市场、优秀人才、竞争压力、企业意愿与信心等因素的影响,不是有钱就可以投资得进去,总体上尚处于低水平,而且研发的最终效果也并非一定与投入成正比。加之研发是一项"前人栽树,后人乘凉"的事,可能与部分企业的固有体系、干部任期制等不相协调,也给研发投入增加了困难。

2. 加强研发的重要性

我国面临的态势已越来越清晰,美国十分害怕中国半导体业的成功会动摇其"老大"地位,因此会想尽一切可能的方法来阻碍我国进步。而中国半导体业也认为未来中国的崛起与强国之路,绝不能因自己而拖后腿。因此中美双方在半导体方面的争端也许会持续相当长的时间,然而出于利益的考量双方又不太可能会真的"大打"。

显然,美方首先采取的方法是阻止我们的国际兼并以及优秀人才的流出,接着会用知识产权等方面的问题打压我们。因此形势已逼迫我们要横下一条心,加强研发,加速前进。

综上所述,对于中国半导体业而言,加强研发肯定是当务之急,必须予以足够的重视,一定要把此次"危机"变成"契机",加速产业自主化的进程。相信只有随着改革开放的深化,企业盈利能力的提高,全球竞争力的提升以及企业迈向市场化,加强研发才能逐渐成为企业的内在需求与增长动力。

研发是一种投资行为,现阶段必须谨慎行事,因此不能操之过急,关键在于行动,要实事求是地一步步推进,否则可能会适得其反,研发的效果也得不到充分的体现。

对于目前的态势我们要十分清楚,贸易战是"虚",阻击战为"实",所以千万不能动摇中国半导体业要迅速自强发展的根底。

1.3.4 推动集成电路产业人才建设

如今,中国的半导体业不缺资金,不缺市场,也不缺政府支持,缺的是人才。集成电路产业不仅是技术集中产业,也是人才集中产业。业界给出了一个建议,即引进国外的老师傅,培育国内的新手,壮大自己的人才库,设立真正有效的激励机制。

人才是集成电路产业发展的第一资源,也是制约我国集成电路产业发展的关键瓶颈。目前,我国集成电路从业人员总数不足 30 万人,到 2020 年我国集成电路产业人才缺口预计将达到 70 万人,所有半导体企业人力资源部门都面临着前所未有的巨大挑战和机遇。

以 2014 年 6 月国务院印发的《国家集成电路产业发展推进纲要》为标志,中国集成电路产业进入了一个高速发展的新时期。《纲要》提出了我国集成电路产业发展的短期、中期和远期目标,要求加大投入,总体摆脱产业受制于人的局面,实现产业跨越式发展的战略目标。

当前在教育界也掀起了一波发展"新工科"的浪潮,探讨在当前以新技术、新业态、新产业为特点的新经济蓬勃发展形势下,高校如何培养具备更高创新创业能力和跨界整合能力的新型工程技术人才,旨在推动集成电路产业人才队伍建设,实现集成电路产业的快速健康发展。

《中国集成电路产业人才白皮书(2016~2017)》9 月修订版编委会对我国集成电路全产业链的 600 余家企业以及开设有微电子等相关专业的 100 余所高校展开了调研,对我国集成电路人才数量、结构、地理位置分布、薪酬状况、学历分布、高等院校人才培养状况等业界普遍关心的问题进行了多维度分析。

按照白皮书的总结,我国集成电路产业人才现状有以下四大关键词:"一轴一带""缺乏""供给侧结构性改革""产学研"。

(1)我国集成电路产业人才呈"一轴一带"分布:东起上海,西至成都、重庆的"沿江分布轴"和北起大连,南至珠江三角洲的"沿海分布带"。

(2)我国集成电路人才"缺乏":产业人才的供给与产业发展的增速不匹配,依托高校培养集成电路人才不能满足产业发展的要求。

(3)重点关注集成电路人才"供给侧结构性改革":面对新时期产业发展对人才提出的新要求,关注人才供给侧,改革创新人才培养方式,注重高端集成电路产业业人才培养工作。

(4)"产学研"融合培养:产学研深度融合,共同来发现人才、培养人才、储备人才。成立人才培养与服务平台,全面深入开展集成电路人才培养工作。

1.3.5 中国集成电路产业再定位

1. 中国要做真正的世界强国,必须拿下芯片制造业

在我国工业化时代,钢铁十分重要,所有工业化建设都需要钢铁,建国以后,钢铁生产进步成为我国经济水平和综合国力上升的标志。

再看国家的发展历程,钢产量的增长伴随 GDP 的腾飞,支撑着过去 20~30 年间整个国家工业化的进程。工业化时代过去了,未来 30~60 年就是信息化时代,现在又从信息化时代进入智能化时代。如今最重要的产品是什么? 是芯片。

芯片是俗称,说起来就是集成电路,它需要的设计非常多。随着信息化时代的到来,芯片(集成电路)已经成为中国最大的进口产品,在我国整体信息化的进展中,芯片是一个短板,就像工业化时代缺钢铁一样。

中国现在拥有全球最大规模的电子信息制造业。全球 70% 的智能手机、80% 的电脑、50% 以上的数字电视等都是中国制造。把这些东西加在一起,2016 年我国电子信息制造业规模达 12 万亿,2009 年超过 10 万亿,但行业利润却从来没有超

过 4%～5%,2016 年行业总利润是 6 千亿元,原因在于芯片全是进口的。现代信息技术,无论是消费产品还是通讯类的高端产品,所有的核心知识产权竞争力都是靠芯片这样一个载体。中国所谓的全球规模的信息制造业其实是全球最大规模的电子信息产品组装业。

当前推进供给侧结构性改革,大量去产能,但在芯片等行业里我国有巨大的产能缺口,如设计、制造、装备。

现在中国制造已经在世界上立起了品牌,中国的新四大发明人人皆知,现在连航母也造了出来,航天领域的飞机也在制造,但我国的芯片,包括制造芯片的装备现在还依赖于进口。我国只有把这个行业拿下,才可以真正成为世界强国。

2. 中国集成电路行业发展

十九大提出要在 2035 年初步建成社会主义现代强国,2050 年建设社会主义现代强国。因此,国家科技攻关计划中 16 个重大专项里有 3 个在做集成电路,每个专项都是千亿规模左右的预算投资。重大专项里大众比较熟知的是大飞机、核电、载人航天、北斗。之前不受关注,最近才开始被重视的是集成电路。在《国家集成电路产业发展推进纲要》发布之后,目前国家集成电路产业投资基金一期已经募完,现在正在募集第二期。

国家从"研发准备"到"技术准备",从无到有建立技术体系,在技术积累后"产业化投入"也要跟进,这样整个产业才能做起来。产业投入需要 10 倍以上的规模,所以我国准备以万亿规模来投资集成电路这个行业。发展集成电路需要千亿级的研发万亿级的投入,所以我国成立了国家集成电路产业基金。这个基金是全国最大规模的,原本准备募集 1200 亿,结果募集了 1380 亿,一期已经募完,二期已从 1500 亿募集到 2000 亿,同时带动了地方资本的投入。现在中国集成电路行业进入"产业链、创新链、金融链"融合阶段,未来十年是中国集成电路发展的黄金时期。中国集成电路产业正保持两位数连续增长。

现在我国正从一个比较零散的点开始形成技术体系,并通过技术体系把产业体系建立起来,等产业生态慢慢建立起来了,再通过国家产业基金的投入带动地方社会资金的投入,使整个产业实力开始提升。我国从设计工艺到制造,与国际还差一到两代的技术。现在我国有自己的装备、材料,工艺也开始有自己的知识产权研发,并已形成一个体系,各个产业环节都能与国际竞争。

前两年中国资本并购海外集成电路引起巨大轰动。近日,美国又宣布限制中国资本的投资,重点限制半导体的投资。我国背后有产业体系的支撑,如果通过并购和整合来做大做强,产业体系能够发展起来就将真的势不可挡。本土的装备行业、材料零部件有着天然的优势,市场靠得近,服务跟得上,如果这个能够做得起来,就会使国外政府和企业感到十分紧张。

我国现在的定位仍是低成本制造者,本质上是替代者。创新就要有能力提供技术解决方案,要有能力定义产品,这是最重要的主导权。有了主导权之后,就可以组织全球的资源解决我国的问题。未来使集成电路这个行业"走出去",我国才能引领世界的发展。

该怎么创新? 沿着技术路线往前走,紧跟摩尔定律追是一种创新,但也要倒过来看市场,让中国消费者开始定义产品。智能化时代的到来,有很多革命性的变化,从应用角度要做价值创新,做解决方案。这个行业本身也是如此,从拼成本、拼规模、做服务,到现在的拼解决方案。中国不应该拿国外的解决方案,应该做自己的解决方案。有主导权以后就应该大胆地要求,寻求合伙人,这样全球产业格局就会改变,我国就会实现创新引领。

中国集成电路已经有了比较完整的体系,下一步需要解决的是业务整合的问题。这个行业是高度全球化的行业,中国市场就是国际市场,中国产业也是全球产业的重要一环,要占据主导权就一定要有国际视野往前发展。让我国本土的优秀企业尽快变成国际化跨国公司和企业,实现国家真正的转型升级。

1.4　集成电路的未来发展趋势

1.4.1　继续缩小器件的特征尺寸

大批量生产中的特征尺寸将从目前的深亚微米($0.18\sim0.25\ \mu m$)进入到纳米量级($35\sim50\ nm$)。为此在基础物理层次(如半导体器件的输运理论、器件模型、器件结构等)、加工工艺层次(如光刻技术、互连技术等)、电路技术层次(如低电压、低功耗技术,热耗散技术等)以及材料体系层次上,有大量的研究和开发工作需要进行。

大批量生产的硅晶圆片还会加大,目前以 8 英寸为主,12 英寸直径硅片已投入生产。到 2025 年左右有可能会出现 $16\sim18$ 英寸直径的硅片制造技术。

1.4.2　单片系统集成芯片的出现

目前在一个芯片上已经可以集成几亿个晶体管,因而已有可能将一个子系统乃至整个系统集成在一个芯片上。单片系统集成芯片(System on Chip,SoC)对微电子设计而言是一场革命,传统的集成电路设计技术已难以满足要求,设计方法和设计工具都需要有新的变革。

除了要有工艺条件(包括不同工艺的兼容技术)外,还需要有相应的关键技术加以支持。例如,应有预先设计好的功能模块库,也称 IP 库及 IP 的复用技术;有各功能模块的综合分析技术;有软、硬件协同技术以及研究软、硬件功能的划分理论。

1.5 小　　结

中国集成电路的发展重点主要可以概括为四个方面:着力发展集成电路设计业,加速发展集成电路制造业,提升先进封装测试业务发展水平目标和突破集成电路关键装备和材料。

我国通过拼搏取得了令人称赞的成绩,展望未来,我国已经成为全球集成电路产业发展最重要的基地。我国拥有市场、技术、人才、资本、政策等各项生产要素,只要扬长避短、趋利避害,扎扎实实地走好每一步,芯片设计业就一定能够持续发展,最终实现把我国建成集成电路强国的战略目标。

第 2 章 半导体器件和半导体集成电路

本 章 要 点

1. 半导体的基本特性和导电机理。
2. 杂质对半导体导电性能的影响。
3. PN 结及其特性。
4. MOS 场效应晶体管/双极型晶体管的原理、结构和特性。
5. 半导体集成电路的分类。
6. CMOS 数字集成电路的特点及常用电路。

本章主要探讨半导体的器件物理特性和半导体集成电路,它们是学习集成电路和集成电路版图设计最重要的基础。

2.1 半导体及其基本特性

自然界中的物质大致可分为气体、液体、固体和等离子体 4 种基本形态。在固体材料中,根据其导电性能的差异,又可分为金属、半导体和绝缘体。金属是电的良导体,绝缘体不能导电,半导体的导电能力则介于金属和绝缘体之间。

实际上,金属、半导体和绝缘体之间的界限并不是绝对的,当半导体杂质含量很高时,导电能力很强,会表现出一定的金属性;而纯净半导体在低温下的导电能力很差,会表现出绝缘性。半导体和导体的区别在于它们是否存在禁带,半导体中有禁带。区分半导体和绝缘体更加困难,通常要根据它们的禁带宽度及其温度特性加以区分。

2.1.1 半导体导电性的特点

自然界中存在的半导体材料非常多,有以单一元素形态存在的半导体,如硅(Si)、锗(Ge),也有化合物半导体,如由元素周期表中Ⅲ族和Ⅴ族元素形成的ⅢⅤ

族化合物,有砷化镓(GaAs)、锑化铟(InSb)等。

1. 电阻率、电导率和迁移率

电阻率是固体材料共有的电学参数,它反映的是物体的普遍性能。电阻率表示一个长为 1 cm,截面积为 1 cm² 物体的电阻,用符号 ρ 表示,单位是欧姆·厘米($\Omega \cdot cm$)。电阻率的倒数叫电导率,用符号 σ 表示,单位是 1/(欧姆·厘米)[1/($\Omega \cdot cm$)]。电阻率和电导率反映物体导电能力的大小,电阻率越低,或者说电导率越高,物体的导电能力就越强。

金属之所以能够导电,是因为它有许多可以自由运动的电子,在电场作用下,这些自由电子就会有规律地沿着电场的反方向流动而形成电流。自由电子的数目越多,或者它们在电场作用下做有规则运动的平均速度越大,电流就越大。因此自由电子也称为载流子。

如果用 n 代表 1 cm² 金属体积中的自由电子数,叫作载流子浓度;q 代表一个电子的电量;电子在电场作用下流动的平均速度用一个叫作迁移率 μ 的量来表示,因为电子的流动是电场引起的,电场越强,电子流动得越快。迁移率就是指在 1 V/cm电场作用下电子流动的平均速度,单位是 cm²/(V·s)。电导率 σ 同上述 3 个量成正比,具体的关系式为

$$\sigma = n \cdot q \cdot \mu \tag{2.1}$$

或

$$\rho = \frac{1}{n \cdot q \cdot \mu} \tag{2.2}$$

2. 半导体电阻率的特点

同金属相比,半导体电阻率主要有以下几个特点:

(1) 数值大。金属的电阻率很小,只有 $10^{-5} \sim 10^{-4}$ $\Omega \cdot cm$,而半导体的电阻率比金属大得多,在 $10^{-3} \sim 10^{9}$ $\Omega \cdot cm$ 范围内。例如,室温 27 ℃时,纯锗的电阻率是 47 $\Omega \cdot cm$,纯硅是 2.14×10^{5} $\Omega \cdot cm$。

(2) 对温度的反应灵敏。金属的电阻率随温度改变而发生的变化较小,半导体的电阻率随温度改变而发生的变化却很显著,在纯净的半导体材料中,电导率随温度的上升呈指数规律增加。

(3) 杂质的影响显著。半导体中杂质的种类和数量决定半导体的电导率,如在纯硅中加入百万分之一的硼,硅的电阻率就从 2.14×10^{5} $\Omega \cdot cm$ 减小到 0.4 $\Omega \cdot cm$ 左右,如果掺入百万分之一的磷,电阻率也有类似的变化。

能使半导体硅、锗的电阻率发生显著改变的杂质有两类:一类是元素周期表上的Ⅲ族元素,如硼、铝、镓、铟等;另一类是元素周期表上的Ⅴ族元素,如磷、砷、锑等。掺杂了Ⅲ族元素的半导体称为 P 型半导体,掺杂了Ⅴ族元素的半导体称为 N

型半导体。

　　杂质对于半导体电阻率的影响还有一个奇特之处，就是虽然单独的Ⅲ族或Ⅴ族杂质都可以使锗、硅的电阻率降低，但在纯硅中同时掺入这两类杂质，并且它们的数量又差不多时，硅的电阻率会变得很小。

　　（4）光照可以改变电阻率。金属的电阻率不受光照的影响，但是适当的光照可以使半导体的电阻率发生显著的改变，这种现象叫作光电导。

2.1.2　半导体的导电机理

1. 锗和硅的晶体结构

　　目前主要的半导体材料大部分是共价键晶体，图 2.1(a)是硅原子靠共价键结合成晶体的平面示意图，硅晶体实际的立体结构——金刚石结构如图 2.1(b)所示。锗和硅都是四价元素，从它们的原子结构来看，最外层都是四个电子，这四个电子是可以拿来和别的原子交换的，叫作价电子。当这些原子结合成晶体时，它们是依靠互相共用价电子而结合在一起的。每个原子拿出一个价电子和它的一个邻近原子共用，每个邻近原子也拿出一个价电子和它共用。这两个共用的价电子使两个硅原子间产生一种束缚力，把两个原子互相拉住，使其不易分开。两个共用的价电子所形成的束缚作用就叫共价键，锗、硅单晶中的原子就是由这种共价键连结起来的，因此这种晶体有时也称为共价晶体。由于每个锗、硅原子中有四个价电子，它们要分别和四个原子组成四个共价键，这四个原子的地位是对称的，所以它们就以正四面体的方式排列起来，组成了金刚石结构。在图 2.1(a)中，共价键用两根平行的短线来表示。

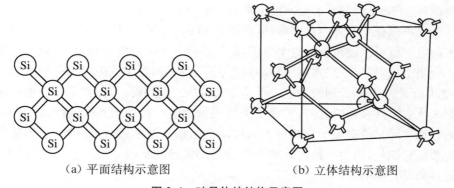

(a) 平面结构示意图　　　　　　　(b) 立体结构示意图

图 2.1　硅晶体的结构示意图

2. 本征激发、导电电子和空穴

　　价键中的电子是两个原子共用的，它被束缚在这两个原子附近，不能自由运动。在共价键晶体中虽然有大量的价电子,但它们都不是自由电子,不能导电。尽管共价键中的电子处于束缚态,但是只要给电子足够的能量,它就能冲破束缚,成为可以自由运动的导电电子。

在一定的温度下,晶体中的原子要做热运动,在它们原来的位置附近来回振动,这种热运动有一定的能量,价键电子就可以从原子的热运动中得到能量,从束缚的状态激发到自由的状态,成为导电电子。所以,仅仅看价键作用这个因素,电子就只能被原子束缚。但有了热运动的激发作用,电子可以挣脱价键的束缚而自由,这互相矛盾的两种因素对立统一的结果是:在一定的温度下,有一定数目的价键电子被激发成为导电电子,使得锗、硅等共价晶体能够导电。价键电子被激发成为导电电子的过程叫作本征激发。

本征激发还有另外一面,就是价键电子脱离束缚成为导电电子后,这时在原来的共价键上就留下了一个缺位,因为邻键上的电子随时可以跳过来填补这个缺位,从而使缺位转移到邻键上去,所以缺位也是可以移动的,这种可以自由移动的缺位就称为空穴。半导体就是靠电子和空穴的移动来导电的,因此,电子和空穴统称为载流子。

2.1.3　空穴的导电作用

半导体的原子是由带负电荷的电子和带正电荷的原子核组成的,由于这些正负电荷互相中和,不但整个半导体是电中性的,在价键完整的硅原子附近也是电中性的。从图 2.2(a)可以看出,在空穴所在的位置,由于失去了一个带负电的价键电子,破坏了局部的电中性,出现了未被抵消的正电荷,就可以把这个正电荷看作是空穴所具有的,所以空穴是带正电的,它所带的电荷大小刚好与电子电荷是完全相等的,电子的电荷是 $-q$,空穴的电荷是 $+q$。

空穴可以在半导体内自由移动,在图 2.2(b)中,甲位置有一个空穴,它附近价键上的电子就可以过来填补这个空位,如从乙跑一个价键电子到甲去,但在乙却留下了一个空位,相当于空穴从甲移动到乙去了。同样,如果从丙又跑一个电子到乙去,再从丁跑一个电子到丙去……于是空穴就从乙跑到丙,再跑到丁……如果用虚线箭头代表空穴移动的方向,实线箭头代表价键电子移动的方向,就可以看出,空穴的移动实际是价键电子在相反方向移动的结果。需要指出,价键电子的移动并不需要给它能量,因为这种转移并不改变总的价键的状况,所以空穴一旦产生,它们的移动是自由的。

没有外电场时,电子和空穴的运动都是无规则的,不能构成电流。有了外电场,价键中的电子将沿电场相反方向来填补空位,即空穴将沿电场方向运动,所产生的电流方向和电场方向相同。因此,半导体除了电子的导电作用外,还多了空穴的导电作用,这是半导体和金属最大的差别。不过,空穴的导电作用归根到底还是电子运动的结果,即大量价键中电子运动的集中表现。引进空穴的概念,就可以把这大量价键电子对电流的贡献用少量的空穴表达出来,不仅方便而且具有实际意义。

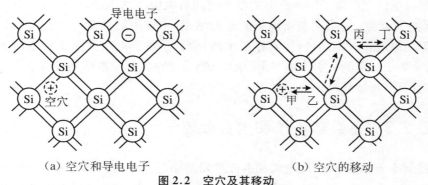

（a）空穴和导电电子　　　　　　　（b）空穴的移动

图 2.2　空穴及其移动

2.2　杂质对半导体导电性能的影响

制造集成电路或晶体管所用的大多是含有杂质的半导体材料,这种材料的导电性能不是由本征激发所产生的载流子决定的,而是取决于材料中所含的杂质。因此适当地、有控制地掺进一定数量的杂质,特别是Ⅲ族、Ⅴ族元素,就能改变半导体的导电性能。

2.2.1　施主杂质和 N 型半导体

在纯净的锗和硅中掺入少量的Ⅴ族元素(如磷),就成为 N 型半导体。磷原子进入硅以后要占据一个原来硅原子占据的位置,成为一个替代式的杂质,磷原子有 5 个价电子,它同周围的硅原子进行共价结合时,只要拿出 4 个价电子同 4 个邻居共用就够了,多余的一个电子虽然没有被束缚在价键里面,但仍受到磷原子核的正电荷的吸引,只能在磷原子的周围运动。可是这种束缚作用总比对价键电子的束缚作用弱得多,只要很小的能量就可以使它挣脱这种吸引而成为导电电子,而磷原子也因为少了一个电子而变成带正电的磷离子。Ⅴ族杂质在锗和硅中能释放出电子,所以称为施主杂质或 N 型杂质,它释放电子的过程叫作施主电离。

2.2.2　受主杂质和 P 型半导体

Ⅲ族的受主杂质原子只有 3 个价电子,代替硅或锗原子形成 4 个共价键,需要从其他硅或锗原子的共价键上夺取一个电子,这样就产生了一个空穴,杂质原子则由于接受了一个电子而成为带负电的离子。因为这种杂质在硅或锗中能接受电子而产生空穴,所以叫受主杂质或 P 型杂质。

带负电的杂质离子同带正电的空穴之间有吸引力的作用,所以这个空穴暂时还受到一些束缚,只能在杂质离子的附近活动,不像本征激发的空穴可以自由运动。但如果给它一些能量,使它挣脱束缚,也就是跳到同杂质离子相距较远的地方,杂质离子对它的吸引作用变得微不足道,这个空穴就同本征激发的空穴一样可以自由运动,参加导电。

2.2.3　多数载流子和少数载流子

在杂质半导体中,杂质电离和本征激发是同时存在的。杂质电离虽然在半导体中产生了载流子,但是它和本征激发不同,它不是成对地产生导电电子和空穴的。施主杂质电离,产生一个导电电子和一个正离子;受主杂质电离,产生一个自由空穴和一个负离子。这些离子只能在原来的位置附近做热运动,不能在整个晶体中运动,所以不能参加导电。

既然杂质电离不是成对地产生导电电子和空穴的,在半导体中掺入施主杂质后,导电电子和空穴的浓度是不相等的,导电电子的浓度要比本征载流子的浓度高得多,而空穴的浓度不仅没有增加,反而要减小到本征载流子的浓度以下。因为掺入施主杂质后,增加了导电电子的浓度,因而也增加了原有空穴的复合机会,导致空穴浓度的减少。

N 型半导体主要依靠电子导电,但同时还存在少量的空穴,在这种情况下,称电子为多数载流子(多子),空穴为少数载流子(少子)。在 P 型半导体中,空穴是多子,电子是少子。

在硅或锗中如果同时存在施主杂质和受主杂质,它们将相互补偿,即两种杂质的作用相互抵消。

2.3　PN 结

许多半导体器件都是由 PN 结构成的,PN 结的性质集中反映了半导体导电性能的特点:存在 2 种载流子,载流子有漂移、扩散和产生复合 3 种运动形式。

在一块半导体材料中,如果一部分是 N 型区,另一部分是 P 型区,在 N 型区和 P 型区的交界面处就形成了 PN 结。图 2.3 展示出了 PN 结的杂质分布情况:在 N 型区均匀掺杂了施主杂质,浓度为 N_D;在 P 型区均匀地掺杂了受主杂质,浓度为

N_A。在 P 型区和 N 型区的交界面处,若杂质分布有一突变,这种 PN 结称为突变结,如图 2.3(a)所示;若在交界面处不存在杂质突变而是逐渐变化的,则称为缓变结(扩散结),如图 2.3(b)所示。

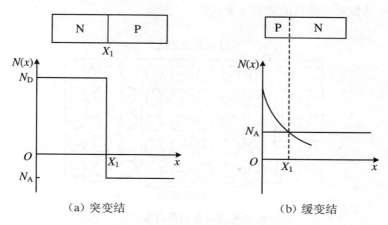

(a) 突变结　　　　　　　　　　　　(b) 缓变结

图 2.3　PN 结的杂质分布情况

PN 结具有单向导电性,这是它最基本的性质之一。当 PN 结的 P 区接电源正极,N 区接电源负极时,PN 结能流过较大的电流,并且电流随电压的增加很快增长,这时 PN 结处于正向偏置。如果 P 区接电源负极,N 区接电源正极,则电流很小,而且当电压增加时,电流基本不随外加电压而改变,趋于饱和,这时的 PN 结处于反向偏置。PN 结的正向导电性能很好,反向导电性能很差,这就是 PN 结的单向导电性。

2.3.1　平衡 PN 结

平衡 PN 结是指没有外加偏压下的 PN 结。由于 N 型半导体中电子是多子,空穴是少子;而 P 型半导体中空穴是多子,电子是少子,因此在 P 型半导体和 N 型半导体的交界面外若存在电子和空穴的浓度差,N 区中的电子要向 P 区扩散,P 区中的空穴要向 N 区扩散。由于 N 区中的电子向 P 区扩散,在 N 区留下带正电的电离施主,形成一个带正电的区域;同样,P 区中的空穴向 N 区扩散,在 P 区留下带负电的电离受主,形成一个带负电的区域,这样在 N 型区和 P 型区的交界面处的两侧就形成了带正、负电荷的区域,称为空间电荷区(有时也把空间电荷区称为耗尽区或耗尽层),如图 2.4 所示。电子和空穴的扩散过程并不会无限制地进行下去,这是因为空间电荷区内的正负电荷之间要形成电场,这个电场称为自建电场,它的方向由 N 区指向 P 区。自建电场会推动带负电的电子沿电场的相反方向做漂移运动,即由 P 区向 N 区运动,同时又推动带正电的空穴沿电场方向做漂移运动,即由 N 区向 P 区运动。这样在空间电荷区内,自建电场引起的电子和空穴漂移运动的方向与电子和空穴各自扩散运动的方向正好相反。随着扩散的进行,空间电荷数量不断增加,自建电场越来越强,直到载流子的漂移运动和扩散运动相互抵消(即大小相等,方向相反)时,达到动态平衡。在平衡 PN 结中,载流子并不是静止不动的,而是扩散和漂移的动态平衡状态。

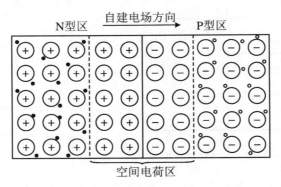

图 2.4　PN 结的空间电荷区

2.3.2　PN 结的正向特性

如图 2.5 所示,当在 PN 结上加正向偏压时,外加电场方向与自建电场方向相反,削弱了空间电荷区中的自建电场,打破了扩散和漂移运动之间的相对平衡,载流子的扩散运动趋势超过了漂移运动。这时,电子将源源不断地从 N 区扩散到 P 区,空穴从 P 区扩散到 N 区,成为非平衡载流子,正向 PN 结(PN 结加正向偏压的简称)的这一现象称为 PN 结正向注入效应。

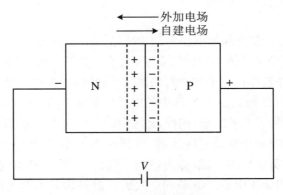

图 2.5　PN 结的正向偏置

无论是从 N 区注入 P 区的电子,还是从 P 区注入 N 区的空穴,都是非平衡载流子,主要以扩散方式运动,它们的运动方向相反,但由于所带电荷的符号相反,因此它们的电流方向是相同的,都是从 P 区流向 N 区,这两股电流构成了 PN 结的正

向电流 j。

$$j = q\left(\frac{n_{p0}D_n}{L_n} + \frac{P_{N0}D_p}{L_p}\right)(e^{\frac{qV}{kT}} - 1) \quad (V > 0) \tag{2.3}$$

式中，V 是加在 PN 结上的偏压。

　　由于电流在 N 型半导体中主要由电子携带，而在 P 型半导体中主要由空穴携带，所以通过 PN 结的电流就有一个从电子电流转变为空穴电流的转换问题。以从 N 区注入 P 区的电子电流为例，N 区中的电子在外加电场的作用下以电子漂移电流的方式向边界 X_N 漂移，越过空间电荷区，经过边界 X_P 注入 P 区，成为非平衡的少子，以扩散形式运动形成电子扩散电流，在扩散过程中，电子与从右面漂移过来的空穴不断复合，复合的结果并不意味着电流中断，而是使电子扩散电流不断地转换为空穴漂移电流，直到注入电子全部被复合，电子扩散电流全部转换为空穴漂移电流。对于从 P 区注入 N 区的空穴电流的情况与此类似。电子电流和空穴电流的大小在 PN 结的不同区域是不相等的，但通过各个截面的电子电流和空穴电流之和是相等的，这说明 PN 结内的电流是连续的。PN 结内电流的转换并非电流中断，而仅仅是电流的具体形式和载流子的类型发生了改变。

2.3.3　PN 结的反向特性

　　当在 PN 结两端加反向偏压时，如图 2.6 所示，外加电场方向与自建电场方向相同，空间电荷区中的电场增强，打破了载流子漂移与扩散的动态平衡，空间电荷区中载流子的漂移趋势将大于扩散趋势。这时 N 区中的空穴一旦到达空间电荷区的边界，就要被电场拉向 P 区，P 区中的电子一旦到达空间电荷区的边界，就被电场拉向 N 区，这称为 PN 结的反向抽取作用。

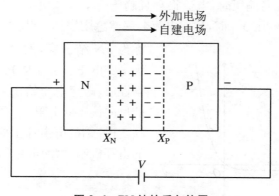

图 2.6　PN 结的反向偏置

　　反向 PN 结对 N 区和 P 区少子的抽取作用形成了 PN 结反向电流，一般称为反向扩散电流，反向电流的方向由 N 区流向 P 区，大小为

$$j = q\left(\frac{n_{p0}D_n}{L_n} + \frac{p_{N0}D_p}{L_p}\right)\left(e^{\frac{qV}{kT}} - 1\right) \quad (V < 0) \tag{2.4}$$

此电流公式与正向电流公式的形式相同,不同的是反向 PN 结的偏压 V 为负值,一般来说,$e^{\frac{qV}{kT}} \to 0$,于是上式可简化为

$$j = -q\left(\frac{n_{p0}D_n}{L_n} + \frac{p_{N0}D_p}{L_p}\right) \quad (V < 0) \tag{2.5}$$

结果表明,反向电流趋于一个与反向偏压大小无关的饱和值,它仅与少子浓度、扩散长度、扩散系数等有关。反向电流有时又称为反向饱和电流。

根据上述结果,可以将 PN 结的正向和反向电流写成统一的公式:

$$j = q\left(\frac{n_{p0}D_n}{L_n} + \frac{p_{N0}D_p}{L_p}\right)\left(e^{\frac{qV}{kT}} - 1\right) \tag{2.6}$$

该方程概括了 PN 结正向和反向的电流-电压关系:$V > 0$ 代表正向电压,这时 $j > 0$,为由 P 区流向 N 区的正向电流;$V < 0$ 代表反向电压,这时 $j < 0$,为由 N 区流向 P 区的反向电流。

PN 结单向导电性是由正向注入和反向抽取效应决定的,正向注入可以使边界少数载流子浓度增加几个数量级,从而形成大的浓度梯度和大的扩散电流,而且注入的少数载流子浓度随正向偏压的增加呈指数规律增长。反向抽取使边界少数载流子浓度减少,并随反向偏压的增加很快趋于零,边界处少子浓度的变化量最大不超过平衡时的少子浓度。这就是 PN 结正向电流随电压很快增长而反向电流很快趋于饱和的物理原因。

2.3.4　PN 结的击穿

当 PN 结加反向偏压时,电流很小且趋于一个饱和值。但若反向偏压不断加大,直至达到某一电压 V_B 时,反向电流会突然急剧增加,如图 2.7 所示,这种现象称为 PN 结击穿,发生击穿时的电压 V_B 为击穿电压。击穿是 PN 结的一个重要电学性质,击穿电压给出了 PN 结所能承受的反向偏压的上限。

PN 结的电击穿主要有两种性质不同的击穿机制:雪崩击穿和隧道击穿。

1. 雪崩击穿

当反向电压很大时,PN 结势垒区的电场变得很强,在势垒区里本征激发的载流子受到强电场的加速而运动很快,它们

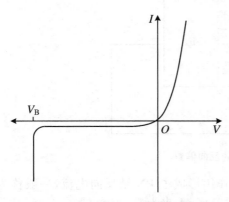

图 2.7　PN 结加反向偏置时的电流

具有很大的动能,如果和硅原子发生碰撞,就可以把硅的价键上的一个电子碰撞出来,使它脱离价键束缚,成为导电电子,并同时产生一个空穴。于是 1 个载流子就变成 3 个载流子,这 3 个载流子在电场作用下,还可以继续碰撞,产生第三代的电子-空穴对……按照这样的方式,载流子就会迅速繁殖(倍增),在势垒区越来越多的载流子会造成反向电流的急剧增加,以这种方式引起的击穿叫作雪崩击穿。雪崩击穿的发生是势垒区电场增强的结果。当反向电压还不够大时,载流子受电场的加速作用较弱,它们在运动到势垒区之前,没有足够的动能去激发新的电子-空穴对,雪崩击穿就不会发生。

假如在同样的外加电压下,能够使势垒区的最大电场降低些,击穿就不容易发生,也就可以提高击穿电压 V_B。方法是降低材料的杂质浓度,使势垒区拉宽。因为同样的电压降落在势垒区两端,势垒区越宽,电场就越弱。所以雪崩击穿电压同材料的电阻率有关,电阻率越高,击穿电压也越高。

2. 隧道击穿

当 PN 结的反向电压比较大,势垒变得相当高时,P 区的价带顶可以比 N 区的导带底还要高,就会出现在 P 区中有一部分价带电子的能量比 N 区导带电子的能量还要高。电子有从能量高处向低处运动的趋势,假如这当中没有禁带存在,P 区价带电子是可以跑到 N 区导带去的。由于中间有个禁带的阻隔,它们就不能随便运动过去。但是,也不是完全不可能过去,一种称为隧道效应的作用可以使一定数量的 P 区价带电子穿过禁带跑到 N 区导带去。一旦这种隧道效应发生了,并且有相当多的 P 区价带电子到达 N 区导带中,就会产生很大的反向电流,于是就出现了 PN 结击穿,这种击穿称为隧道击穿。

2.4 MOS 场效应晶体管

2.4.1 MOS 场效应晶体管的结构及工作原理

1. MOS 场效应晶体管的基本结构

MOS(金属-氧化物-半导体)场效应晶体管是集成电路中最重要的器件,按照导电沟道的不同可以分为 P 沟道器件(PMOS)和 N 沟道器件(NMOS)两大类,它们的剖面结构如图 2.8 所示。一般常在 N 或 P 后加附标"+"或"-"来表示杂质浓度的高或低,前者称为重掺杂(高浓度),后者称为轻掺杂(低浓度)。图 2.8(a)

为 NMOS 管,它制作在 P 型硅片上,一个重掺杂的 N⁺ 区为源区(S),另一个为漏区(D),在源和漏之间的 P 型硅上有二氧化硅薄层,称为栅氧化层,二氧化硅上有一导电层,称为栅极(G),该电极若用金属铝就称为铝栅,若用重掺杂的多晶硅则称为硅栅。P 型硅构成器件的衬底区(B)。源和漏两个 PN 结间的距离常用 L 表示,称为沟道长度,其宽度用 W 表示,栅氧化层的厚度用 t_{ox} 表示。如图 2.8 所示,MOS 管的结构是对称的,源和漏可以互换,不加偏压时无法区分器件的源和漏。在 NMOS 管的源和漏之间加偏压后,将电位低的一端称为源,电位高的一端称为漏,电流方向由漏端流向源端。

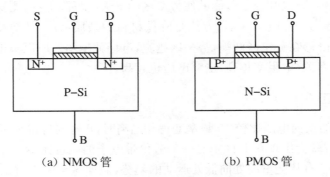

(a) NMOS 管   (b) PMOS 管

图 2.8 MOS 场效应晶体管的结构

当栅极上施加的电压为 0 时,源和漏被中间的 P 型区隔开,源和漏之间相当于两个背靠背的 PN 结。这时即使在源和漏之间加一定的电压,也没有明显的电流,只有很小的 PN 结反向电流。当在栅极上加一定的正电压 V_G 后,在栅极下面源漏区之间的半导体表面会形成电子导电沟道,如果这时在漏和源之间加一电压,就会有明显的电流流过。由于器件的电流是由电场控制的(包括由栅电压引起的纵向电场和由漏源电压引起的横向电场),因此称这种器件为场效应晶体管。

图 2.8(b)为 PMOS 管,其衬底为 N 型,源和漏为 P⁺ 掺杂。当在栅极上施加适当的负电压 V_G 时,可形成空穴导电沟道。对于 PMOS 管,通常在漏和源之间加偏压后,将电位高的一端称为源,电位低的一端称为漏,其电流方向由源端流向漏端。

2. MOS 场效应晶体管的工作原理

如图 2.9 所示,若选择右边的 N 型区为源极,当在栅上施加相对于源的正电压 V_{GS} 时,栅上的正电荷在 P 型衬底上感应出等量的负电荷。随着 V_{GS} 的增加,衬底中接近硅-二氧化硅界面处的负电荷越来越多,其变化过程如下:当 V_{GS} 比较小时,栅上的正电荷还不能使硅-二氧化硅界面处积累可运动的电子电荷,这是因为衬底是 P 型半导体材料,其中的多数载流子为空穴,栅上的正电荷首先要驱赶表面的空穴,使表面正电荷耗尽,形成带固定负电荷的耗尽层。这时,虽然有漏源电压 V_{GS} 存在,但没有可以运动的电子,所以并没有明显的源漏电流出现。增大 V_{GS},耗尽层将向衬底下部延伸,并有少量电子被吸引到表面,形成可运动的电子电荷,随着 V_{GS} 的增加,表面积累的可运动电子数量越来越多。这时的衬底负电荷由两部分组成:表面的电子电荷与耗尽层中的固定负电荷,如果不考虑二氧化硅层中的电荷影响,这两部分的负电荷之和等于栅上的正电荷。当电子积累达到一定水平时,表面半导体中的多数载流子变成了电子,这相对于原来的 P 型半导体,具有了 N 型半导体的导电性质,这种情况称为表面反型。当 NMOS 管表面达到强反型时所对应的栅源电压 V_{GS} 值,称为 NMOS 管的阈值电压 V_{TN}。

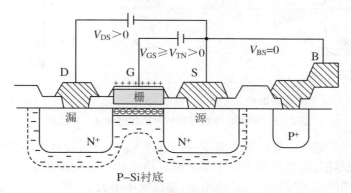

图 2.9　NMOS 管处于导通状态

NMOS 管表面达到强反型后,器件的结构发生了变化,源-衬底-漏从原来的 $N^+ - P - N^+$ 结构变成 $N^+ - N - N^+$ 结构,即栅极下的 P 型半导体反型成了 N 型半导体,在源和漏之间表面反型的区域被称为沟道区。在 V_{DS} 的作用下,N 型源区的电子经过沟道区到达漏端,形成由漏流向源的漏源电流。很明显,V_{DS} 的数值越大,表面的电子密度越大,相对的沟道电阻就越小,在同样的 V_{DS} 作用下,漏源电流也越大。当 V_{DS} 的值很小时,沟道区近似为一个线性电阻,这时器件工作在线性区,其电流-电压($I - V$)特性如图 2.10 所示。

当 V_{GS} 大于 V_{TN} 且保持一定时,随着 V_{DS} 的增加,NMOS 管的沟道区的形状将逐渐发生变化。当 V_{DS} 较小时,沟道区基本上是一个平行于表面的矩形,当 V_{DS} 增大后,相对于源端的电压 V_{GS} 和 V_{DS} 在源端的差 V_{GD} 逐渐减小,并且因此导致漏端的沟道

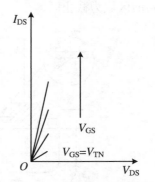

图 2.10　线性区的 $I - V$ 特性

区变薄,当达到 $V_{DS} = V_{GS} - V_{TN}$ 时,在漏端形成了 $V_{GD} = V_{GS} - V_{DS} = V_{TN}$ 的临界状态,这一点被称为沟道夹断点,器件的沟道区变成了楔形,最薄的点位于漏端,而源端仍维持原先的沟道厚度。器件处于 $V_{DS} = V_{GS} - V_{TN}$ 的工作点被称为临界饱和点,其状态如图 2.11(a)所示,在逐渐接近临界状态时,随着 V_{DS} 的增加,电流的

变化偏离线性,NMOS 管的 $I-V$ 特性发生弯曲,如图 2.11(b)所示。在临界饱和点之前的工作区域称为非饱和区,显然,线性区是非饱和区中 V_{DS} 很小时的一段。

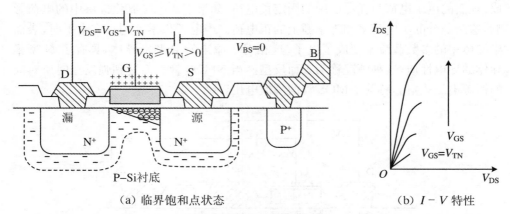

（a）临界饱和点状态　　　　　　　　　（b）$I-V$ 特性

图 2.11　NMOS 管临界饱和时的状态和 $I-V$ 特性

继续在一定的 V_{GS} 条件下增加 $V_{DS}(V_{DS}>V_{GS}-V_{TN})$,在漏端的导电沟道消失,只留下耗尽层,沟道夹断点向源端靠近。由于耗尽层电阻远大于沟道电阻,所以这种向源端的靠近实际上位移值很小,漏源电压中大于($V_{GS}-V_{TN}$)的部分落在很小的一段由耗尽层构成的区域上,有效沟道区内的电阻基本上维持临界时的数值。因此,再增加漏源电压 V_{DS},电流几乎不增加,而是趋于饱和。这时的工作区称为饱和区,图 2.12 显示了器件处于这种状态的沟道情况,图 2.13 是完整的 NMOS 管的 $I-V$ 特性曲线,图中的虚线是非饱和区和饱和区的分界线,$V_{GS}-V_{TN}$ 的区域为截止区。

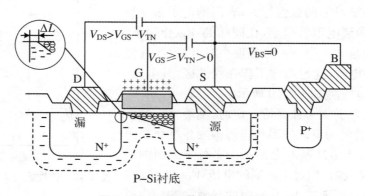

图 2.12　NMOS 管饱和时的状态

事实上,由于 ΔL 的存在,实际的沟道长度 L 将变短,对于 L 比较大的器件,$\Delta L/L$ 比较小,对器件的性能影响不大,但是,对于短沟道器件,这个比值将变大,对器件的特性将产生影响。器件的电流-电压特性在饱和区将不再是水平的直线,而是向上倾斜,也就是说,工作在饱和区的 NMOS 管的电流将随着 V_{DS} 的增加而增加。这种在 $V_{\rm DS}$ 作用下沟道长度的变化引起饱和区输出电流变化的特性称为沟道长度调制效应。

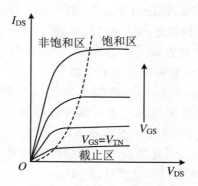

图 2.13　NMOS 管的 $I-V$ 特性曲线

　　PMOS 管的工作原理与 NMOS 管类似，因为 PMOS 管是 N 型硅衬底，其中的多数载流子是电子，少数载流子是空穴，源漏区的掺杂类型是 P 型，所以 PMOS 管的工作条件是在栅上相对于源极加负电压，而在衬底感应的是可以运动的空穴和带固定正电荷的耗尽层，若不考虑二氧化硅中存在的电荷的影响，衬底中感应的正电荷数量就等于 PMOS 管栅上的负电荷数量。当达到强反型时，在相对于源端为负的漏源电压的作用下，源端的空穴经过导通的 P 型沟道到达漏端，形成从源到漏的源漏电流。同样，$V_{\rm GS}$ 的绝对值越大，沟道的导通电阻越小，电流的数值就越大。与 NMOS 管一样，导通的 PMOS 管的工作区域也分为非饱和区、临界饱和点和饱和区。需要注意的是，PMOS 管的 $V_{\rm GS}$ 和 $V_{\rm TP}$ 都是负值，它的电流－电压特性如图 2.14 所示。

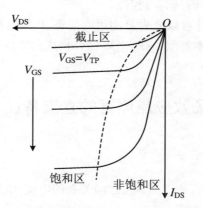

图 2.14　PMOS 管的 $I-V$ 特性曲线

3. MOS 场效应晶体管的基本类型

上述讨论都有一个前提,就是当 $V_{GS}=0$ 时不存在导电沟道,只有当加在栅上的电压绝对值大于器件的阈值电压的绝对值时,器件才开始导通,在漏源电压的作用下形成漏源电流。以这种方式工作的 MOS 管被称为增强型 MOS 管。增强型 MOS 管包括增强型 NMOS 管和增强型 PMOS 管。

栅极电压为 0($V_{GS}=0$)时,在衬底的表面区域就形成了导电沟道,并且在 V_{DS} 的作用下能产生漏源电流,这类 MOS 器件被称为耗尽型 MOS 管。同样,耗尽型 MOS 管也有 P 沟道 MOS 管和 N 沟道 MOS 管之分。对于耗尽型器件,由于 $V_{GS}=0$ 时就存在导电沟道,因此要关闭沟道将施加相对于同种沟道增强型 MOS 管的反极性电压。如 NMOS 耗尽型器件,在 $V_{GS}=0$ 时已经存在沟道,必须在栅极上加负电压才能使沟道区表面的电子消失;对于 PMOS 耗尽型器件,则必须在栅极上加正电压才能使导电沟道消失。使耗尽型器件表面沟道消失必须施加的栅极电压称为夹断电压 V_P ,显然,N 沟道耗尽型器件的 $V_{PN}<0$,P 沟道耗尽型器件的 $V_{PP}>0$ 。

耗尽型器件的初始导电沟道主要有两个成因:① 栅与衬底之间的二氧化硅中含有固定电荷的感应,这些固定正电荷是在二氧化硅形成工艺的中期或后期加工中引入的,通常是不希望其存在的,具有不确定性。② 通过工艺的方法在器件衬底的表面形成一层反型材料,这是为了形成耗尽型 MOS 管专门进行的工艺加工,通常采用离子注入的方法在器件表面形成与衬底掺杂类型相反(与源漏掺杂类型相同)的区域。例如,为获得耗尽型 NMOS 管,通过离子注入在 P 型衬底表面注入五价元素磷或砷,形成 N 型掺杂区作为沟道。由于离子注入可以精确控制掺杂浓度,因此器件的夹断电压值具有可控性。

综上所述,MOS 器件可以分为 P 沟道增强型、P 沟道耗尽型、N 沟道增强型和 N 沟道耗尽型等 4 种基本类型。在 MOS 器件构成的电路中,几乎都只用增强型器件,较少应用耗尽型器件。

2.4.2　MOS 场效应晶体管的直流特性

1. 电流-电压特性

描述 MOS 管电流 I_{DS} 和电压 V_{DS} 之间关系的电流-电压特性也称为 MOS 管的输出特性。

NMOS 场效应晶体管的电流-电压特性由式(2.7)~(2.9)表示,式中 λ 是沟道长度调制因子,表示沟道长度调制的程度,当不考虑沟道长度调制作用时,λ=0。式(2.7)是 NMOS 管在非饱和区的方程,式(2.8)是饱和区的方程,式(2.9)是截止区的方程。

$$I_{DS} = K_N[2(V_{GS} - V_{TN})V_{DS} - V_{DS}^2] \quad V_{GS} \geqslant V_{TN}, V_{DS} < V_{GS} - V_{TN} \quad (2.7)$$

$$I_{DS} = K_N(V_{GS} - V_{TN})^2(1 + \lambda V_{DS}) \quad V_{GS} \geqslant V_{TN}, V_{DS} \geqslant V_{GS} - V_{TN} \quad (2.8)$$

$$I_{DS} = 0 \quad V_{GS} < V_{TN} \quad (2.9)$$

式中，$K_N = K_N'(W/L)$ 为 NMOS 管的导电因子，$K_N' = \mu_n \varepsilon_{OX}/2t_{OX}$ 为本征导电因子，μ_n 为电子迁移率，介电常数 $\varepsilon_{OX} = \varepsilon_{SiO_2}\varepsilon_0$。其中 ε_0 为真空电容率，等于 8.85×10^{-14} F/cm；ε_{SiO_2} 为二氧化硅相对介电常数，约等于 3.9；t_{OX} 为栅氧化层的厚度；W/L 为器件的宽长比，是器件设计的重要参数。

在非饱和区，漏源电流-电压关系是一个抛物线方程，当 $V_{DS} \to 0$ 时，忽略平方项的影响，漏源电流-漏源电压呈线性关系，即

$$I_{DS} = K_N[2(V_{GS} - V_{TN})V_{DS}] \quad (2.10)$$

对应于每一个 V_{GS}，抛物线方程的最大值发生在临界饱和点 $V_{DS} = V_{GS} - V_{TN}$ 处，若漏源电压继续增加，则器件进入饱和区，这时的漏源电流与漏源电压关系由沟道长度调制效应决定。如果不考虑沟道长度调制效应，则漏源电流为一常数，不随漏源电压的改变而改变。

对于 PMOS 晶体管，也有类似的电流-电压特性方程。

2. 衬底偏置效应

在前面的讨论中，一直没有考虑衬底电位对 MOS 管性能的影响，即假设源区与衬底相连（$V_{BS} = 0$），并接到相应的电源电压，即 PMOS 管接正电源 V_{DD}，NMOS 管接地电位 V_{SS}。但是当衬底加偏压后对 MOS 管的性能会产生影响，为了保证源和衬底间的 PN 结反向偏置，通常是把 NMOS 管的衬底接负偏压，PMOS 管的衬底接正偏压。

当 NMOS 管的衬底加负偏压后，使表面的空间电荷区（沟道与衬底间的空间电荷区）变宽，会有更多的空穴被耗尽，空间电荷量增大，于是在同样的栅压下，反型层电荷将减少，需要施加更高的栅电压才能使半导体表面达到强反型，即阈值电压将增大。由于反型层电荷减少，沟道电导下降，衬底偏压将使 I_{DS} 下降。

2.5　双极型晶体管

双极型晶体管又称三极管，因其电特性取决于电子和空穴两种少数载流子的输运特性而得名。

2.5.1　双极型晶体管的基本结构

双极型晶体管的基本结构由两个相距很近的 PN 结组成。双极型晶体管可以分为 NPN 型和 PNP 型两种,图 2.15(a)为 NPN 型晶体管示意图,它的第一个 N 区为发射区,由此引出的电极为发射极 e,发射区一般是重掺杂的,因此该区用 N⁺ 表示;中间的 P 区为基区,引出的电极为基极 b;第二个 N 区为收集区(或称集电区),由它引出的电极为收集极(或集电极)c。由发射区和基区构成的 PN 结称为发射结,由集电区和基区构成的 PN 结称为收集结(或集电结)。

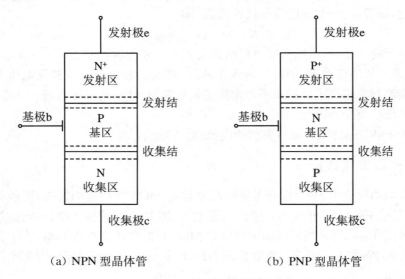

（a）NPN 型晶体管　　　　　（b）PNP 型晶体管

图 2.15　双极型晶体管结构示意图

图 2.15(b)为 PNP 型晶体管示意图,它的 3 个区域、3 个电极及 2 个 PN 结的名称如图所示,与 NPN 型晶体管是完全对应的。

在正常使用条件下,晶体管的发射结加正向小电压,称为正向偏置,集电结加反向大电压,称为反向偏置,图 2.16 为 NPN 型晶体管的偏置情况。

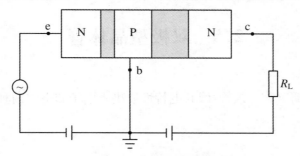

图 2.16　NPN 型晶体管的偏置情况

　　双极型晶体管从表面上看好像是两个背对背紧挨着的二极管,然而,简单地把两个 PN 结背靠背地连接成 PNP 或 NPN 结构并不能起到晶体管的作用。以 NPN 型结构为例,如果 P 区宽度比 P 区中电子扩散长度大得多,虽然一个 PN 结是正向偏置,另一个 PN 结为反向偏置,由于这两个 PN 结的载流子分布和电流是互不相干的,因此与两个 PN 结单独使用无任何差别。但是,如果两个 PN 结中间的 P 区宽度不断缩小,使 P 区宽度小于少子(电子)的扩散长度,这时两个 PN 结的电流和少子分布就不再是不相干的,两个 PN 结之间就要发生相互作用,从正向 PN 结注入 P 区的电子可以通过扩散到达反向 PN 结空间电荷区边界,并被反向 PN 结空间电荷区中的电场拉到 N 区,然后漂移通过 N 区而流出,这时输出电流受输入电流控制,具有了放大作用,只有这样的 PNP 型或 NPN 型结构才是一个晶体管。

2.5.2　双极型晶体管的电流传输

　　正向发射结把电子注入 P 型基区,由于基区宽度 W 远远小于电子的扩散长度,注入基区的电子来不及复合就扩散到反向集电结的边界,被集电结的抽取作用拉向集电区。这时集电结虽然处于反向,但却流过很大的反向电流。正是由于发射结的正向注入作用和集电结的反向抽取作用,使得有一股电子流由发射区流向集电区。

　　通过发射结的有两股扩散电流:一股是注入基区的电子扩散电流,这股电流大部分能够传输到集电结,成为集电极电流的主要部分;另一股是注入发射区的空穴扩散电流,这股电流对集电极电流没有贡献,成为基极电流的一部分。

　　在发射区,注入的空穴扩散电流随着与发射结距离的增加因复合而减小,减小部分转换为电子漂移电流,基本上都转换为电子电流,发射区内某一处的电子电流与空穴电流之和即为发射极电流。

　　在基区,注入基区的电子电流在扩散通过基区的过程中,由于复合,一部分将变为基极电流。

　　通过集电结和集电区的电流主要有两种:一种是扩散到达集电结边界处的电子扩散电流,电子在集电结电场作用下漂移通过集电结空间电荷区,变为电子漂移电流,显然它是一股反向大电流,是集电结电流的主要部分;另一种是集电结反向漏电流。集电极电流为这两股电流之和。

2.6　集成电路的分类

　　集成电路的分类方法有很多,其中常见的分类方法主要包括按器件结构类型、集成电路规模、使用的基片材料、电路功能以及应用领域等进行分类。下面简要介绍几种分类方法。

2.6.1　按电路功能分类

根据集成电路的功能可分为模拟集成电路、数字集成电路和数模混合集成电路三大类。

1. 模拟集成电路

模拟集成电路是指处理模拟信号（连续变化的信号）的集成电路。模拟集成电路又称线性电路，用来产生、放大和处理各种模拟信号（指幅度随时间变化的信号。如半导体收音机的音频信号、录放机的磁带信号等）。模拟电路的用途很广，如在工业控制、测量、通信、家电等领域都有很广泛的应用。

由于早期的模拟集成电路主要是指用于线性放大的放大器电路，因此这类集成电路长期以来被称为线性集成电路，直到后来又出现了振荡器、定时器以及数据转换器等许多非线性集成电路，才又将这类电路叫作放大集成电路，这是因为放大器的输出信号电压波形通常与输入信号的波形相似，只是被放大了许多倍，即它们两者之间呈线性关系，如运算放大器、电压比较器、跟随器等。非线性集成电路则是指输出信号与输入信号呈非线性关系的集成电路，如振荡器和定时器。

2. 数字集成电路

数字集成电路是指用来产生、放大和处理各种数字信号（指在时间上和幅度上离散取值的信号。如基于数字信号的 3G、4G、5G 手机，数码相机，CPU，数字电视的逻辑控制和重放的音频信号和视频信号），即采用二进制方式进行数字计算和逻辑函数运算的一类集成电路。由于这些电路都具有某种特定的逻辑功能，因此也称它为逻辑电路。

根据输出与输入信号时序的关系，又可将这类集成电路分为组合逻辑电路和时序逻辑电路，前者的输出结果只与当前的输入信号有关，如反相器、与非门、或非门等都属于组合逻辑电路；后者的输出结果则不仅与当前的输入信号有关，而且还与之前的逻辑状态有关，如触发器、寄存器、计数器等都属于时序逻辑电路。

3. 数模混合集成电路

随着电子系统的发展，迫切需要既包含数字电路，又包含模拟电路的新型电路，这种电路通常称为数模混合集成电路。早期由于集成电路工艺和设计的限制，通常采用混合集成电路技术实现这种电路，直到 20 世纪 70 年代，随着半导体工艺技术的发展，才研制出了单片数模混合集成电路。

最先发展起来的数模混合电路是数据转换器,它主要用来连接电子系统中的数字部件和模拟部件,用以实现数字信号和模拟信号的相互转换,因此它可以分为数模(D/A)转换器和模数(A/D)转换器两种。目前它们已经成为数字技术和微处理器在信息处理、过程控制等领域推广应用的关键器件。除此之外,数模混合电路还有电压-频率转换器和频率-电压转换器等。

2.6.2　按制作工艺分类

集成电路按制作工艺可分为半导体集成电路和膜集成电路。膜集成电路又分为厚膜集成电路和薄膜集成电路。

2.6.3　按集成度高低分类

集成电路按集成度高低的不同可分为:

小规模集成电路(Small Scale Integrated Circuits,SSIC):逻辑门 10 个以下或晶体管 100 个以下。

中规模集成电路(Medium Scale Integrated Circuits,MSIC):逻辑门 11～100 个或晶体管 101～1000 个。

大规模集成电路(Large Scale Integrated Circuits,LSIC):逻辑门 101～1000 个或晶体管 1001～10000 个。

超大规模集成电路(Very Large Scale Integrated Circuits,VLSIC):逻辑门 1001～10000 个或晶体管 10001～100000 个。

特大规模集成电路(Ultra Large Scale Integrated Circuits,ULSIC):逻辑门 10001～1000000 个或晶体管 100001～10000000 个。

巨大规模集成电路(Giga Scale Integrated Circuits,GSIC),也称极大规模集成电路或超特大规模集成电路:逻辑门 1000001 个以上或晶体管 10000001 个以上。

2.6.4　按器件结构类型分类

根据集成电路中有源器件的结构和工艺技术,可以将集成电路分为三类,分别为双极型、MOS 和双极-CMOS(即 BiCMOS)型集成电路。

1. 双极型集成电路

双极型集成电路是半导体集成电路中最早出现的电路形式,1958 年制造出的世界上第一块集成电路就是这种结构。这种电路采用的有源器件是双极型晶体管,而双极型晶体管是因其工作机制依赖于电子和空穴两种类型的载流子而得名。在双极型集成电路中,又可以根据双极型晶体管类型的不同而将它细分为 NPN 型和 PNP 型双极型集成电路。

双极型集成电路的优点是速度高、驱动能力强,缺点是功耗较大、集成度相对较低。

2. 金属-氧化物-半导体集成电路

这种集成电路所用的晶体管为 MOS 晶体管,故取名为 MOS 集成电路。MOS 晶体管是由金属-氧化物-半导体(MOS)结构组成的场效应晶体管,主要靠半导体表面电场感应产生的导电沟道工作。在 MOS 晶体管中,起主导作用的只有一种载流子(电子或空穴),因此有时为了与双极型晶体管对应,也称它为单极型晶体管。根据 MOS 晶体管类型的不同,MOS 集成电路又可分为 NMOS、PMOS 和 CMOS (互补 MOS)集成电路。

与双极型集成电路相比,MOS 集成电路的主要优点是输入阻抗高、抗干扰能力强、功耗低(约为双极型集成电路的 1/10~1/100)、集成度高(适合大规模集成)。因此,进入超大规模集成电路时代以后,CMOS 集成电路已经成为集成电路的主流。

3. 双极-CMOS 型集成电路

同时包括双极型和 CMOS 晶体管的集成电路称为双极-CMOS(BiCMOS)型集成电路。双极型集成电路具有速度高、驱动能力强等优点,MOS 集成电路具有功耗低、抗干扰能力强、集成度高等优势。BiCMOS 型集成电路则综合了双极型和 CMOS 器件两者的优点,但这种电路的制作工艺复杂。同时,随着 CMOS 集成电路中器件特征尺寸的减小,CMOS 集成电路的速度越来越高,已经接近双极型集成电路,因此,目前集成电路的主流技术仍然是 CMOS 技术。

2.7　CMOS 集成电路

2.7.1　CMOS 集成电路的特点

CMOS(Complementary Metal Oxide Semiconductor)的意思是互补金属氧化物半导体。CMOS 集成电路是把 PMOS 管和 NMOS 管制作在同一个芯片上,因而具有很多优异的特性,自 1962 年问世以来,至今已获得了很大的发展。随着集成电路工艺水平的进步,CMOS 集成电路的集成度不断提高,性能日益完善,不仅雄霸数字集成电路领域,而且在模拟集成电路范围内也可以和双极型集成电路相抗衡。

CMOS 集成电路的主要优点如下:

(1) 功耗低。当 CMOS 集成电路处于静态时,无论输出高电平还是低电平,静态电流都很小。这时的电流主要取决于 P 管或 N 管的截止漏电流,它的大小为纳安量级。尽管 CMOS 集成电路的动态功耗会随着频率的提高而增大,但在一个完整的芯片中,往往只有很少一部分电路工作在最高频率上,因此,CMOS 集成电路的总功耗通常比双极型晶体管电路要小很多。

(2) 输入阻抗高。CMOS 集成电路的输入端一般是和 P 管及 N 管的栅极连接,而栅极下面为绝缘的二氧化硅层,因而具有很高的输入阻抗,可以达到 10^9 Ω 以上。

(3) 输出电压摆幅宽。CMOS 集成电路的输出电压可以在地电位至电源电压之间变动,电压幅度几乎没有损失。

(4) 抗干扰能力强。CMOS 集成电路对很慢的漂移(直流)、自然的瞬态变化(交流)或两者结合的干扰具有良好的噪声抗扰度,可以达到电源电压的 30%~45%。例如,对于 10 V 电源电压,当输入的 1 电平因噪声干扰下降到 7~5.5 V 时,器件将不改变状态;同样,当输入 0 电平时,因噪声干扰使输入电压增加到3~4 V 时,器件也不会改变状态。

(5) 具有高速和高密度的潜力。早期的 CMOS 集成电路速度慢、噪声大,使它的应用受到限制。由于制造工艺的进步,以及 MOS 器件的尺寸很容易按比例缩小,CMOS 技术不仅占领了数字电路市场,而且逐渐在模拟电路市场中占据主导地位,在同一个芯片上同时集成模拟和数字电路可以改善整体性能,降低封装成本,使 CMOS 技术更具吸引力。而器件尺寸按比例缩小使 MOS 器件的速度不断提高,在过去 30 年里,MOS 管本征速度的增加超过了 3 个数量级,已经可以与双极型器件的速度相比拟。

2.7.2　CMOS 数字电路

构成 CMOS 数字电路的两个基本单元是反相器和传输门。以反相器为基础,可以构成各种门电路;用反相器(包括门电路)和传输门则可构成触发器,进而组成寄存器和计数器等电路。下面先介绍反相器和传输门的结构和特性,然后介绍由它们派生出来的其他电路。

1. CMOS 反相器

反相器又称非门,它是只有一个输入端的逻辑门电路。

　　CMOS 反相器由一个 PMOS 管和一个 NMOS 管串联而成，其电路图如图 2.17(a)所示。两个 MOS 管的栅极(G)相连作为反相器的输入端，它们的漏(D)相连作为反相器的输出端；PMOS 管的源(S)和衬底相连且连接电源电压 V_{DD}；NMOS 管的源(S)和衬底相连且接地(V_{SS})。两个 MOS 管都是增强型器件，当输入信号为 0 时，P 管因栅源电压 V_{GS} 等于电源电压 V_{DD} 而导通，从输出端到 V_{DD} 为低阻通路；由于 NMOS 管的栅源电压为 0，低于它的开启电压，于是 N 管截止，从输出端到地(V_{SS})呈现高阻抗，因此输出电压近似等于 V_{DD}，即输出为 1 电平。当输入电压为 1 时，情况正好相反，P 管截止而 N 管导通，输出电压为 0。在上述两种逻辑状态下，总有一个 MOS 管导通而另一个 MOS 管截止，因此从电源到地的通路中，只能截止 MOS 管的泄漏电流流过，这使 CMOS 反相器的静态功耗总是很低，其值等于电源电压和泄漏电流的乘积，为毫微瓦量级。

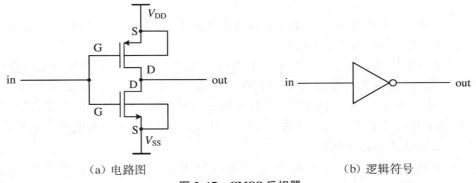

(a) 电路图　　　　　　　　　　　　　　　(b) 逻辑符号

图 2.17　CMOS 反相器

　　CMOS 反相器的输出电压和输入电压的关系称为电压传输特性，如图 2.18(a)所示。在输入信号从 0 向 V_{DD} 变化的过程中，当输入电压达到 N 管的开启电压 V_{TN} 时，N 管从截止开始变为导通，P 管的导通程度也因栅源电压的减小而有所下降，因此输出电压从 V_{DD} 略有下降，这时开始产生从电源 V_{DD} 经过两个 MOS 管流向地的直流导通电流。当输入电压达到 $1/2V_{DD}$ 时，N 管的导通程度已经变得比较充分了，而 P 管的导通程度则进一步降低。由于两个 MOS 管的 V_{GS} 都等于 $1/2V_{DD}$，如果它们的结构对称，则导通电阻应该相等。当反相器处在这个工作状态的时候，从 V_{DD} 到地的电阻最小，因而流过反相器的直流导通电流达到最大值。当输入电压超过 $1/2V_{DD}$ 时，尽管 N 管的导通程度进一步增加，但 P 管却进一步减弱，导通电阻不断增大，使直流导通电流不断减小，在输入电压达到 $V_{DD} - V_{TP}$(V_{TP} 为 P 管的开启电压)时，P 管变为截止，直流导通电流下降为 0，输出电平也迅速下降为 0。CMOS 反相器的直流导通电流如图 2.18(b)所示。

　　PMOS 管和 NMOS 管的结构对称，是指两种管子的宽长比具有一定比例。由于 P 管为空穴导电，N 管为电子导电，而电子的迁移率是空穴迁移率的 2.5 倍左右，这个差距要从 P 管的宽长比增大为 N 管宽长比的 2.5 倍来补偿，所以设计反相器时,总是让 P 管宽长比等于 N 管宽长比的 2.5 倍左右。

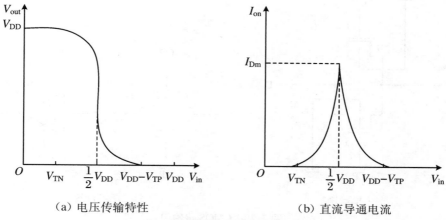

（a）电压传输特性　　　　　　　（b）直流导通电流

图 2.18　CMOS 反相器的特性

2. CMOS 传输门

MOS 器件在电路中可以做开关,而且是双向开关,即电流不仅能从一个方向传输,也可以从相反的方向传输。这种起开关作用的 MOS 管也称为传输门,由一个 NMOS 管或一个 PMOS 管组成的传输门称为单沟道传输门。

由一个 NMOS 管组成的单沟道传输门如图 2.19 所示。栅极控制电压和输入电压都为 V_{DD},设负载电容 C_L 上的初始电压为 0,则满足 $V_{DS} = V_{GS} = V_{DD}$ 的条件,NMOS 管导通,于是输入电压通过 NMOS 管对 C_L 充电。随着充电电压的提高,N 管的源极电位也不断提高,使它的栅源电压不断下降,当输出电压充电至 $(V_{DD} - V_{TN})$ 时,$V_{GS} = V_G - V_S = V_{DD} - (V_{DD} - V_{TS}) = V_{TN}$,N 管变为截止,输出电压比输入电压低,两个电压之差等于 NMOS 管的开启电压。

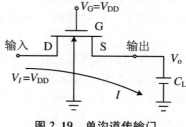

图 2.19　单沟道传输门

CMOS 传输门由一个 PMOS 管和一个 NMOS 管并联而成,这种并联是指 P 管的源(S)和 N 管的漏(D)相连,P 管的漏(D)和 N 管的源(S)相连,电路图和逻辑符号如图 2.20 所示。如果用 4 端 MOS 管符号画传输门,P 管和 N 管的衬底要分别接到 V_{DD} 和 V_{SS}。如果只用 3 端器件符号,则不必画衬底,但默认为这种连接方式。

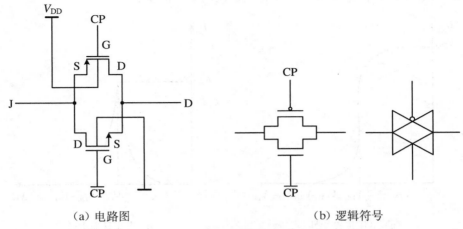

|（a）电路图|（b）逻辑符号|

图 2.20　CMOS 传输门

3. 门电路

门电路（包括反相器）又称组合逻辑电路，在任意时刻门电路的输出电平直接由当时输入变量的布尔函数决定。基本的 CMOS 门电路包括如下几大类：

（1）与非门、或非门、与门和或门

前面曾经提到 CMOS 反相器是组成 CMOS 电路的基本单元，在反相器的基础上增加 PMOS 管和 NMOS 管，就可以构成 CMOS 门电路。由于静态 CMOS 电路是互补对称结构，CMOS 门电路的结构有如下规律：

① 在反相器的基础上等量增加 P 管和 N 管，N 管数和 P 管数都分别等于输入端数。

② 门的逻辑功能由 N 管的排列方式决定，N 管串联组成与非门，N 管并联组成或非门。在与非门中 P 管并联，在或非门中 P 管串联。MOS 管的并联是指几个 MOS 管的源极和源极相连，漏极和漏极相连；而 MOS 管串联则指第一管的漏极接第二管的源极，第二管的漏极再接第三管的源极……输出端接到所有并联管的漏极和一个串联管的漏极。

③ 一个 P 管的栅极和一个 N 管的栅极连接在一起成为一个输入端。

④ P 管和 N 管排列成 L 形，如果从 L 的顶点作一条 45°的直线，P 管和 N 管关于这条直线对称。利用这些规律，可以画出 2 输入端和 3 输入端 CMOS 与非门和或非门的电路图，如图 2.21 所示。在与非门和或非门的输出端增加一级反相器，就得到与门和或门的电路图，如图 2.22 所示。

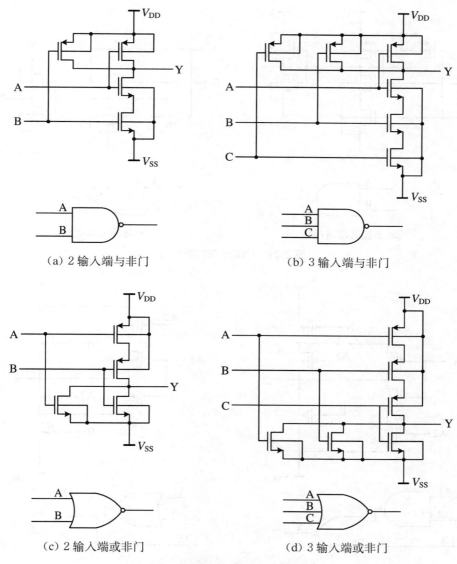

（a）2 输入端与非门　　　　　　　　（b）3 输入端与非门

（c）2 输入端或非门　　　　　　　　（d）3 输入端或非门

图 2.21　CMOS 与非门和或非门

(2) 与或非(AOI)门和或与非(OAI)门

图 2.23(a)为 CMOS 与或非门。图中两个 N 管串联,形成与的关系,再和另一个 N 管并联,成为或的关系。而两个 P 管则先并联后再和另一个 P 管串联,与 N 管的排列成为互补关系。在图 2.23(b)中,由于是或与非门,N 管先并联后串联,而 P 管的排列则与此互补。这种 AOI 和 OAI 只有一级门的传输延迟时间,如果把 AOI 中的与门看作与非门和反相器串联,再作为或非门的输入信号,如图 2.24 所示,从输入到输出就有三级门的传输延迟时间,这样理解 AOI 或 OAI 是不对的。

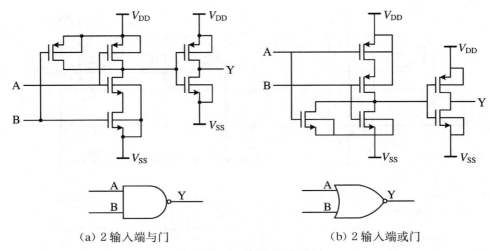

（a）2 输入端与门　　　　　　　　　　（b）2 输入端或门

图 2.22　CMOS 与门和或门

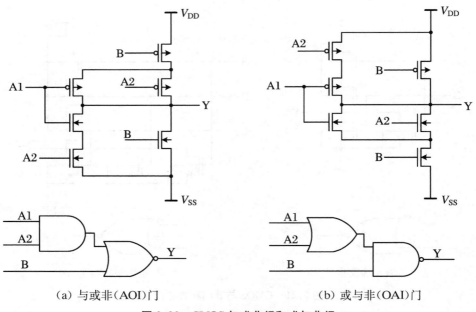

（a）与或非（AOI）门　　　　　　　　　（b）或与非（OAI）门

图 2.23　CMOS 与或非门和或与非门

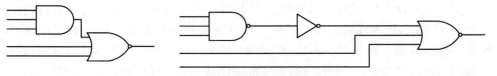

图 2.24　正确理解与或非门和或与非门

4. CMOS 时序电路

除门电路之外,另一类主要的逻辑电路是时序电路。在这类电路中,输出信号不仅取决于当前的输入信号,还取决于先前的工作状态。即时序电路具有存储记忆功能。时序电路主要分为 3 种:双稳态电路、单稳态电路和非稳态电路。双稳态电路是目前应用最广和最重要的时序电路,下面介绍属于这种电路的 RS 触发器和 D 触发器。

(1) RS 触发器

由两个反相器交叉耦合可以组成双稳态电路,如图 2.25(a)所示,交叉耦合指反相器 1 的输出端和反相器 2 的输入端相接,反相器 1 的输入端和反相器 2 的输出端相接。这种双稳电路有两种工作状态(或模式),只要电源存在,电路就会保持它的状态,因此电路具有简单的记忆功能,但不能实现从一个稳定的工作模式变化到另一种模式。因此,考虑状态的变化时,在双稳态电路中需要增加简单的开关来控制或触发电路,使之能够实现状态转换。如图 2.25(b)所示,用 2 输入端或非门代替反相器组成的双稳态电路称为 RS 触发器,每个或非门的一个输入端与另一个或非门的输出端交叉连接,两个或非门的另一个输入端则分别成为 S(置位)和 R(复位)端用来触发电路。

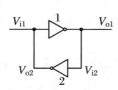
(a) 反相器构成双稳态单元

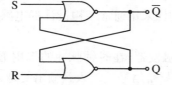
(b) 基于或非门的 RS 触发器

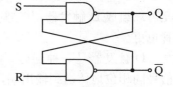
(c) 基于与非门的 RS 触发器

图 2.25　CMOS 双稳元件和 RS 触发器

RS 触发器有两个互补输出 Q 和 $\overline{Q}$。当 Q 输出为逻辑 1 且 $\overline{Q}$ 为逻辑 0 时,触发器处于置位状态;相反,当 Q 输出为逻辑 0 而 $\overline{Q}$ 为逻辑 1 时,触发器处于复位状态。从图中不难看出,当 S 和 R 输入端均为逻辑 0 时,电路保持它的两个工作状态中的一个稳定状态不变,其稳定状态由先前的输入决定;S=1,R=0 和 S=0,R=1 分别为置位和复位状态;当 R 和 S 均为逻辑 1 时,两个输出都为 0,显然这与 Q 和 $\overline{Q}$ 的互补性是矛盾的,在正常工作时这种输入组合是不允许的无效状态。由或非门组成的 RS 触发器的真值表见表 2.1,可见它是高电平有效的。

表 2.1　由或非门组成的 RS 触发器的真值表

S	R	Q_{n+1}	$\overline{Q_{n+1}}$	工作状态
0	0	Q_n	$\overline{Q_n}$	保持
1	0	1	0	置位

续表

S	R	Q_{n+1}	$\overline{Q_{n+1}}$	工作状态
0	1	0	1	复位
1	1	0	0	无效

可以用 2 输入端与非门代替或非门组成 RS 触发器,其电路如图 2.25(c)所示。仔细观察电路可知,为了使电路保持某一状态,R 端和 S 端必须均为逻辑 1,而且也只有 S 端或 R 端输入为逻辑 0,才能改变电路的工作状态。因此,这种触发器是低电平有效的,它的真值表见表 2.2。

表 2.2　由与非门组成的 RS 触发器的真值表

S	R	Q_{n+1}	$\overline{Q_{n+1}}$	工作状态
0	0	1	1	无效
0	1	1	0	置位
1	0	0	1	复位
1	1	Q_n	$\overline{Q_n}$	保持

(2) D 触发器

前面曾谈到,反相器和传输门是 CMOS 电路的两个基本单元,利用这两个单元可以组成 D 触发器,其结构比采用通常结构设计的电路更简单且所需要的晶体管也更少。

D 触发器是一种延迟型触发器,在时钟脉冲的作用下,它能把从 D 端输入的信号同相位地传送到输出端,只是信号从输入到输出要延迟一段时间,这段时间一般不超过时钟脉冲的 1 个周期。

CMOS 电路中常用的 D 触发器一般采用主从触发器的结构,晶体管级 D 触发器的电路图如图 2.26 所示,它由两个锁存器级联而成,由传输门 TG1、TG2 及两个反相器组成的锁存器为主触发器,由 TG3、TG4 及两个反相器组成的锁存器为从触发器。在分析 D 触发器原理之前,要先研究锁存器是如何工作的。由于 CMOS 传输门需要 CP 和 $\overline{\text{CP}}$ 两个控制信号,且两个信号互为反相,由它们控制的两个 MOS 管总是同时导通或同时截止,因此在下面讨论 CMOS 传输门的开关状态时,只用 CP 一个控制信号来说明。现以主触发器的锁存器为例:当 CP 为 0 电平时,TG1 导通,TG2 截止,这时 D 输入信号可以输入锁存器。当时钟脉冲反相后,即 CP 跳变为 1 时,TG1 截止,TG2 导通,两个反相器和导通的 TG2 形成了闭合回路,将输入的信号锁存在触发器中。随着时钟脉冲的变化,锁存器就重复这两种工作状态。

D 触发器共有 4 个传输门(TG1～TG4),其中 TG1 和 TG4 的工作状态相同,TG2 和 TG3 相同,但这两组传输门是轮流导通和截止的。再看 D 触发器的工作过程:当 TG1 导通时 D 输入信号进入主触发器,这时 TG2 和 TG3 截止,输入信号不能立即传到输出端。当时钟反相后,即 CP 变为 1 电平时,TG1 从导通变为截止,TG2 和 TG3 变为导通,输入的信号在 TG3 导通后才能传送到输出端。在下一个时钟脉冲到来后,虽然 TG3 变为截止,但 TG4 变为导通,使从触发器形成闭合回路,信号被锁存在从触发器中,在 Q 和 $\overline{Q}$ 端维持稳定的输出。

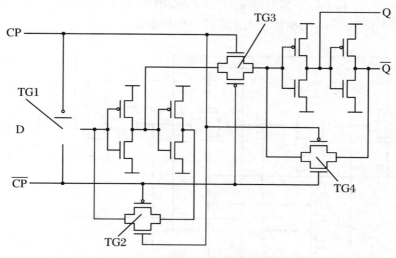

图 2.26　晶体管级 CMOS D 触发器

如果 D 触发器 Q 端原来保持 0 电平,从 D 端输入的 1 电平要等 TG3 导通的瞬间才能传到输出端,使 Q 端产生正跳变。反之,若 Q 端原为 1 电平,也只能在 TG3 从截止变为导通的时候发生跳变。而 TG3 的 NMOS 管栅极接 CP,这表示只有当 CP 正跳变时才能使 TG3 导通,因此图 2.26 的 D 触发器是时钟脉冲 CP 的上升沿触发。从图 2.27 的波形可以看出,无论 D 端信号在 CP 的正半周或负半周输入,Q 端的状态都是在 CP 的上升沿时刻发生变化。还可看出,当 D 触发器的信号在 CP 的正半周发生跳变时,TG1 正处于截止状态,D 触发器的信号变化不能立即输入主触发器,在 CP 进入负半周后才能输入主触发器,但这时 TG3 又处于截止,还不能传到输出端,只有当 CP 再次正跳变才能传到输出端,这是 D 信号从输入到输出延迟时间最长的情况。若将图 2.28 中的 CP 和 $\overline{CP}$ 互换,即 TG1 的 P 管栅极接到 $\overline{CP}$,N 管栅极接到 $\overline{CP}$(其他传输门也作相应变化),D 触发器就变为 CP 的下降沿触发了。

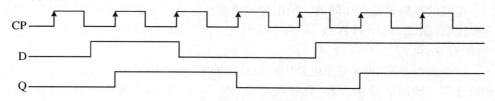

图 2.27　D 触发器的波形图

如果把 D 触发器中的反相器改为门电路,就可以增加触发器的置位和复位功能。图 2.28 是一个带复位端的 D 触发器,不管触发器处在什么状态,只要复位端 R 输 1 电平或正脉冲,立即可以使触发器清零。例如,在电子电路或电子系统中,总要产生一个开机消零信号,该信号一般是一个正的单脉冲,它在开机(即电源接通)后立即产生,将电路中需要清零的电路全部消零,然后单脉冲一直保持 0 电平,清零信号不再起作用,使系统进入正常的工作状态。

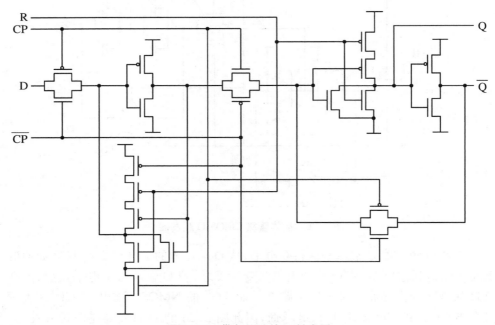

图 2.28　带复位端的 D 触发器

图 2.28 中的电路是 CMOS D 触发器流行的一种结构,在它的主触发器中采用(时)钟控(制)或非门代替或非门和传输门的串联,如图 2.29 所示。图 2.29(a)为钟控或非门,MOS 管 P1 和 N1 的工作状态受时钟脉冲的控制,当 P1 和 N1 导通时,2 输入端或非门就和普通的或非门一样正常工作,输出可以为 1 或 0 两种电平;当 P1 和 N1 截止时,或非门不能接通电源,输出端 Y 为高阻状态,因此钟控或非门是个三态电路。对于图 2.29(b)中的电路,只有当传输门导通时输出 Y 才能反映或非门的输出状态,当传输门截止时,Y 的输出为高阻。因此图 2.29(a)和(b)中两个电路的功能是完全相同的。使用钟控或非门的优点是画版图时可以节省一条金属连线[图 2.29(b)的 A 线]和两个接触孔。图 2.28 中的从触发器没有采用这种钟控门结构。

D 触发器是 CMOS 时序电路中应用最广的电路,利用它可以组成各种计数器和寄存器。即使是 D 触发器,也包括无 RS 端、有 R 端、有 S 端和有 RS 端等多种类型。在有些集成电路中,各种 D 触发器所占的面积达到整个芯片面积的一半以上，由此可见它们的重要性。

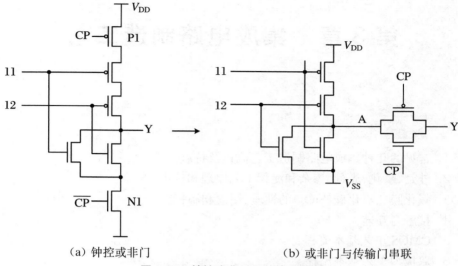

（a）钟控或非门　　　　　　　　　　（b）或非门与传输门串联

图 2.29　钟控或非门及其等效电路

第3章　集成电路制造工艺

　本 章 要 点

1. 常见的几种集成电路制造工艺流程及特点。
2. 外延、氧化、光刻、掺杂和淀积工艺原理和技术。
3. 氧化膜二氧化硅（SiO_2）的性质、用途和制备。
4. 接触与互连。
5. CMOS 工艺基本流程。
6. 双极型工艺基本流程。

　　集成电路设计的最终输出是掩膜版图，版图与所采用的制备工艺紧密相关。集成电路版图设计师的主要职责是通过 EDA 设计工具，进行集成电路后端的版图设计和验证，最终产生供集成电路制造用的 GDS II 数据。集成电路版图设计师通常需要与数字设计工程师和模拟设计工程师随时沟通和合作才能完成工作。一个优秀的集成电路版图设计师，既要理解电路，还要具备设计能力和过硬的工艺知识。作为连接设计与制造工厂的桥梁，集成电路版图设计人员必须懂得集成电路设计与工艺制造的流程、原理及相关知识。

　　制造集成电路所用的半导体材料，目前主要是硅和砷化镓等单晶体，其中又以硅居多，硅器件占全世界销售的所有半导体器件总量的 90% 以上，因此这里只讲述硅集成电路的制造工艺。通常，集成电路制造过程中的所有制造工艺主要包括3 类技术：图形转换技术（光刻、刻蚀等），薄膜制备技术（外延、氧化、气相淀积等），掺杂技术（扩散和离子注入）。这 3 类技术通常又分为 4 种基本工艺：氧化、光刻、掺杂和淀积。由于设计的需求，部分工艺还会增加外延这道工序，这里也会对其进行探讨。

3.1　常见主要工艺流程

　　这里主要探讨常见的双极型（Bipolar）工艺、CMOS 工艺和两者相结合的 BiC-

MOS 工艺特点。

1. 双极型工艺

最早采用的工艺,多数使用 TTL(晶体管-晶体管逻辑电平)或 ECL(发射极耦合逻辑电路),其耐压高、速度快,通常用于功率电子、汽车、电话电路与模拟电路。

2. CMOS 工艺

更易于实现 N 沟 MOS 和 P 沟 MOS 两种类型的晶体管,即在同一集成电路硅片上实现互补 MOS 工艺。其生产工艺更简单,器件面积更小。它的晶体管密度大,功耗小。比双极型集成电路要便宜,半导体产业的投资和集成电路市场的发展倾向于 MOS 电路。

3. BiCMOS 工艺

双极型(Bipolar)和 CMOS 两种工艺的结合。可做到功耗低、密度大,电路输出驱动电流大。

3.2　外　　延

外延常常是由单晶硅的化学气相淀积生成。一般将在单晶衬底上生长单晶材料的工艺称为外延,生长了外延层的晶片叫作外延片。新生长单晶层的晶向通常与衬底的晶向相同,在进行外延时可根据需要控制其导电类型、电阻率及厚度等。

外延生长是在单晶衬底上生长一层新的与结晶轴同晶向的半导体薄层的技术,其晶向取决于衬底,由衬底向外延伸而成,故名"外延层"。

外延工艺是 20 世纪 60 年代初发展起来的一种重要的技术,目前已得到十分广泛的应用。常用的外延技术主要包括气相外延、液相外延和分子束外延等。其中气相外延是利用硅的气态化合物或液态化合物的蒸汽在衬底表面进行化学反应生成单晶硅;液相外延则是由液相直接在衬底表面生长外延层的方法;而分子束外延是在超高真空条件下,由一种或几种原子或分子束蒸发到衬底表面形成外延层,这种方法既能精确控制外延层的化学配比,又能精确控制杂质分布,还具有温度低的特点,是一种非常有发展前途的外延技术。但目前在集成电路工艺中应用最广泛的仍然是气相外延。

外延的作用是保证半导体表面性能均匀,其最大的优点是无需补偿杂质而在硅片表面按所需浓度分布重叠地生长出 P 型或 N 型层。外延生长的重要性在于外延层中的杂质浓度可以方便地通过控制反应气流中的杂质含量加以调节,并可根据需要控制其导电类型、电阻率和厚度等,而不依赖于衬底中的杂质种类与掺杂水平。

3.3　氧　　化

硅片如果暴露在空气中,常温下其表面会生长一层二氧化硅薄膜。由于温度不高,硅片表面氧化的速率很慢。在现代集成电路工艺中,氧化是必不可少的工艺技术,这种氧化不是常温下的自然氧化而是在高温下进行的,生长的氧化硅层在集成电路中有着极其重要的作用。

3.3.1　二氧化硅(SiO_2)的性质及作用

1. SiO_2 的主要性质

在硅表面生长的氧化硅层紧密地依附在硅片表面,具有良好的化学稳定性和电绝缘性,因此人们利用各种方法制备 SiO_2,用来作为 MOS 管的栅氧化层、器件的保护层,以及电性能的隔离、绝缘材料和电容器的介质等。

SiO_2 的另一个重要性质是对某些杂质能起到掩蔽作用,即某些杂质在 SiO_2 中的扩散系数与在硅中的扩散系数相比非常小,从而可以实现选择扩散。正是由于 SiO_2 的制备与光刻、扩散相结合,才出现了平面工艺并推动了集成电路的迅速发展。

SiO_2 的化学性质非常稳定,它只与氢氟酸发生化学反应,而不与其他酸发生反应。在集成电路中利用 SiO_2 能与氢氟酸反应的性质,完成对 SiO_2 的腐蚀。SiO_2 腐蚀速率的快慢与氢氟酸的浓度、温度、SiO_2 的质量以及所含杂质的数量等有关。利用不同方法制备的 SiO_2,其腐蚀速率可能相差很大。

2. SiO_2 作为选择扩散的掩蔽层

作为选择扩散的掩蔽层是 SiO_2 在集成电路制造中的重要用途之一。在器件制造过程中,往往是通过硅表面的某些特定区域向硅内掺入一定数量的某种杂质,其余区域不进行掺杂。为了达到这个目的,采用的方法就是选择扩散,即某些杂质在条件相同的情况下,在 SiO_2 中的扩散速度远小于在硅中的扩散速度,也就是说 SiO_2 层对某些杂质起到了掩蔽作用。实际上,杂质在硅中扩散的同时,在 SiO_2 中也进行扩散,只是两者的扩散系数相差几个数量级,扩散速度相差非常大。在相同的条件下,当杂质在硅中的扩散深度已达到要求时,在 SiO_2 中的扩散深度还非常浅,没有扩透 SiO_2 层,因而被 SiO_2 层保护的硅片内没有杂质进入,起到了掩蔽的作用。

硼、磷、砷等杂质在 SiO_2 中的扩散系数都远小于在硅中的扩散系数,这些杂质源制备容易,纯度高,操作方便,所以它们都是经常被选用的重要掺杂杂质。

3. SiO_2 的其他作用

(1) 在 MOS 集成电路中 SiO_2 层作为 MOS 器件的绝缘栅介质,这说明 SiO_2 层是器件的一个重要组成部分,因此对作为绝缘栅介质的 SiO_2 层的质量要求很高。

(2) 作为集成电路的隔离介质材料。

(3) 作为电容器的绝缘介质材料。

(4) 作为多层金属互连层之间的介质材料。

(5) 作为对器件和电路进行钝化的钝化层材料。

3.3.2　热氧化生长 SiO_2

制备 SiO_2 的方法有很多,且各种方法都各有特点,但利用热生长法制备的 SiO_2 质量好,具有很高的重复性和化学稳定性,其物理性质和化学性质不太受湿度和中等热处理温度的影响。因此,热氧化生长 SiO_2 是集成电路的重要工艺之一。

1. 热氧化生长 SiO_2 的机理

硅的热氧化法是指硅与氧或水汽等氧化剂,在高温下经化学反应生成 SiO_2。

硅的氧化是一个表面过程,氧化剂是在硅表面与硅原子发生反应。如果硅表面上原来没有氧化层,则氧化剂直接与硅反应生成 SiO_2,生长速率由表面化学反应的快慢决定。当硅表面上已经生长(或者原有)一定厚度的 SiO_2 层时,氧化剂必须以扩散方式运动到 SiO_2 界面,再与硅反应生成 SiO_2。因此氧化剂要到达硅表面并与硅发生反应,必须经过以下步骤:

① 氧化剂从气体内部传输到气体/氧化物界面。

② 通过扩散穿过已经形成的氧化层。

③ 在氧化层/硅界面处发生化学反应。随着 SiO_2 厚度的增加,生长速率将逐渐下降,生长速率将由氧化剂通过 SiO_2 层的扩散速率决定。

一方面,在氧化过程中,硅表面的硅经过化学反应转变为 SiO_2,随着反应的进行,SiO_2/Si 界面不断向硅内方向移动。另一方面,由于生长 SiO_2 时的体积膨胀,氧化后的 SiO_2 层表面与原来的硅表面不再是一个平面。实验表明,要生长 1 个单位厚度的 SiO_2,就需要消耗 0.44 个单位厚度的硅层。即生成的 SiO_2 层并不是重叠在原来的硅表面上,而是有 44% 的氧化层厚度渗透到硅表面中。

2. SiO_2 层的制备方法

根据氧化剂的不同,制备 SiO_2 的热氧化法可分为干氧氧化、水汽氧化和湿氧氧化等 3 种方法。

(1) 干氧氧化

干氧氧化是指在高温下,氧气与硅反应生成 SiO_2,反应式为

$$Si（固体） + O_2 \rightarrow SiO_2（固体）$$

干氧氧化生成的 SiO_2 具有结构紧密、干燥、均匀性和重复性好、掩蔽能力强、与光刻胶黏附性好等优点,是一种理想的钝化膜。目前制备高质量的 SiO_2 薄膜基本上都是采用这种方法,如 MOS 管的栅氧化层。

但是干氧氧化法生长速率慢,所以经常同湿氧氧化相结合生成 SiO_2。

(2) 水汽氧化

水汽氧化是指是在高温下,硅与高纯水产生的水蒸气反应生成 SiO_2,反应式为

$$Si（固体） + 2H_2O \rightarrow SiO_2（固体） + 2H_2 \uparrow$$

反应中产生的 H_2 分子沿 Si/SiO_2 界面或者以扩散方式通过 SiO_2 层散离。

(3) 湿氧氧化

湿氧氧化的氧化剂是通过高纯水的氧气,高纯水一般被加热到 95 ℃ 左右。通过高纯水的氧气携带一定水蒸气,所以湿氧氧化的氧化剂既含有氧,又含有水汽。湿氧氧化具有较高的氧化速率。因此,SiO_2 的生长速率介于干氧氧化和水汽氧化之间。

在实际生产中,要根据要求选择干氧氧化、水汽氧化或湿氧氧化。对于制备较厚的 SiO_2 层往往采用干氧-湿氧-干氧相结合的方式,这种方式既能保证 SiO_2 表面和 SiO_2/Si 界面的质量,又解决了生长效率的问题。

上述氧化方法都是采用化学反应的高温热氧化,除此之外,在半导体集成电路工艺中,还可以采用化学气相淀积等方法制备氧化层。化学气相淀积的最大优势是可以在 200~800 ℃ 范围内生长出各种厚度的氧化层。详细内容将在后面的章节中介绍。

3.4 光刻与刻蚀

光刻工艺是将图像复印和掩膜相结合的一种综合技术,并非用光刻出图形。简单地讲,光刻工艺是先在待刻材料(如 SiO_2)上涂上一层光致抗蚀剂材料(俗称光刻胶),因为它的光敏性强,可将掩膜版上的图形通过曝光和显影复印到光刻胶层上。最后,借助留下的光致抗蚀剂材料作为掩膜,利用它的抗蚀能力在特定条件下

将没有被抗蚀剂材料掩蔽的部分待刻材料刻蚀（腐蚀）掉，便在片子上留下了与掩膜版图形相对应的图形。

　　光刻技术是为进行选择扩散而在氧化膜上开窗孔、腐蚀金属以便在硅表面进行布线的重要技术。

　　光刻是集成电路工艺中的关键技术，由于光刻技术不断更新，推动了集成电路的高速发展。在集成电路制造过程中，光刻次数越多，意味着工艺越复杂；光刻所能加上的线条越细，表示工艺水平越高。

　　光刻类似于照片的印相技术。光刻工艺的主要过程如图 3.1 所示。在光刻过程中，涂覆在硅片表面的感光材料——光刻胶受到光辐照后发生光化学反应，在显影液中光刻胶感光部分与未感光部分的溶解度相差非常大，再经过显影就可以在光刻胶上留下掩模版的图形。利用这层剩余的光刻胶图形作为掩护膜，可以对硅表面没有被光刻胶覆盖的区域进行刻蚀，或者对这些区域进行离子注入，从而把光刻胶上的图形转移到硅表面的薄膜上去，由此形成各种器件和电路的结构，或者对未保护区进行掺杂。在光刻过程中通常包括 3 个主要步骤：曝光、显影和刻蚀。光刻工艺所需要的 3 种设备和器材是光刻胶、掩模版和光刻机。下面将依次介绍光刻各个步骤的简要过程。

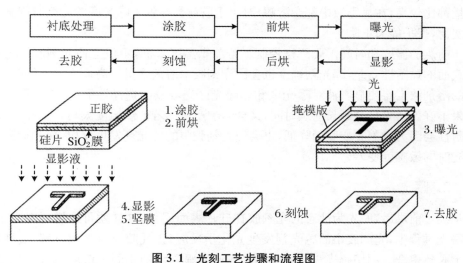

图 3.1　光刻工艺步骤和流程图

3.4.1　光刻工艺流程

1. 涂胶

　　涂胶的目的是在硅片表面形成厚度均匀、附着性强并且无缺陷的光刻胶薄膜。在集成电路工艺中，光刻胶的作用是在刻蚀（腐蚀）或离子注入过程中，保护被光刻胶覆盖的材料,因此光刻胶与硅片表面之间需要牢固地黏附。在涂胶之前需要预先对硅片进行脱水处理,这个步骤称为脱水烘焙。在涂胶前还应在硅片表面涂一层化合物,以增强光刻胶与硅片的附着力,然后便可进行涂胶。涂胶的操作如下:硅片放在托盘上,托盘与真空管相连被吸牢,硅片就随托盘一起旋转。把光刻胶溶液滴或喷洒在硅片中心区域,先低速再加速旋转至需要的旋转速度,并保持一定的旋转时间。由于硅片表面的光刻胶借助旋转过程中离心力的作用而向硅片外围移动,硅片表面的光刻胶受到黏附力的作用而保留下来。在旋转过程中,光刻胶中所含的溶剂不断挥发,使光刻胶变得干燥,也使光刻胶的黏度增加。对于同样的光刻胶,转速越快,光刻胶层就越薄,均匀性也越好。

2. 前烘

涂胶后的硅片需要在一定温度下进行烘烤,这个步骤称为前烘。通过在较高温度下的烘焙,可使光刻胶中的溶剂挥发出来。前烘也可以减轻因高速旋转形成的薄膜应力,提高光刻胶的附着力。另外,光刻胶的显影速度受光刻胶中溶剂含量的影响,对于曝光后的光刻胶,如果其中的溶剂含量比较高,显影时光刻胶的溶解速度就比较快。如果光刻胶没有经过前烘,曝光区和未曝光区的光刻胶由于溶剂含量都比较高,在显影液中都会溶解,对于正胶就会导致非曝光区的光刻胶因溶解而变薄,保护能力下降。

前烘的温度和时间需要严格控制。若前烘温度太低,不但会使光刻胶层与硅片表面的黏附性变差,曝光精确度也会因光刻胶中溶剂含量过高而变差。同时,太高的溶剂浓度将使显影液对曝光区和非曝光区光刻胶的选择性下降,使图形转移效果不好。如果过分延长前烘时间,又会影响产量。若前烘温度太高,光刻胶层的黏附性会因为光刻胶变脆而降低,也会使光刻胶中的感光剂发生反应,使光刻胶在曝光时的敏感度变差。

3. 曝光

经过前烘后,原先为液态的光刻胶在硅片表面固化,这样就可以进行曝光了。在曝光过程中,光刻胶中的感光剂发生光化学反应,正性胶产生光致分解,负性胶产生光致聚合。利用感光与未感光的光刻胶对显影液的不同溶解度,就可以实现掩模图形的转移。

曝光后还要进行曝光后烘焙,使非曝光区的感光剂向曝光区扩散,在两者的边界形成平均的曝光效果。

4. 显影

在显影过程中,正胶的曝光区和负胶的非曝光区的光刻胶在显影液中溶解,而正胶的非曝光区和负胶的曝光区的光刻胶不会在显影液中溶解。这样,曝光后在光刻胶中形成的潜在图形,在显影后便会显现出来,在光刻胶上形成三维图形,这个步骤称为显影。

正胶经过曝光后可以被显影液中和,它是逐层溶解的,中和反应只在光刻胶的表面进行,因此正胶受显影液的影响较小。而正胶的非曝光区在曝光时并未发生光化学反应,在显影时被保留下来。对于负胶来说,非曝光区在显影液中首先形成凝胶体,然后再分解,使得整个负胶层都被显影液浸透。之后,曝光区的负胶会膨胀变形。因此,相对于负胶来说,使用正胶可以得到更高的分辨率。为了提高分辨率,目前每一种光刻胶几乎都配有专用的显影液,以保证高质量的显影效果。

显影后留下来的光刻胶图形将在后续的刻蚀和离子注入中作为掩膜,因此,显影也是非常重要的一步。严格来说,在显影时曝光区与非曝光区的光刻胶都有不同程度的溶解,曝光区与非曝光区的光刻胶的溶解速度反差越大,显影后得到的图形对比度越高。影响显影效果的主要因素包括曝光时间、前烘的温度和时间、光刻胶的膜厚、显影液的浓度和温度、显影时的搅动情况等。

显影后一般要检查图形尺寸是否满足要求,如果不满足要求可以返工。因为显影后只是在光刻胶上形成了图形,只需去掉光刻胶就可以重新进行上述各步工艺。

5. 坚膜

坚膜是硅片显影后所经历的一个高温处理过程。其主要作用是除去光刻胶中剩余的溶剂,增强光刻胶对硅片表面的附着力,同时提高光刻胶在刻蚀和离子注入过程中的抗蚀性和保护能力。坚膜的温度通常要高于前烘和曝光后的烘烤温度,在这个温度下,光刻胶将软化,使光刻胶的表面和图形边缘在表面张力的作用下而圆滑化,使光刻胶中的缺陷减少,并可借此修正光刻胶图形的边缘轮廓。

通过坚膜,光刻胶的附着力得到提高,这是由于除掉了光刻胶中的溶剂,同时也是热融效应作用的结果。虽然较高的坚膜温度可使坚膜后光刻胶中的溶剂含量减少,但使去胶时的难度增加。而且,如果坚膜温度太高,由于光刻胶内部拉伸应力的增加会使光刻胶的附着性下降,因此必须适当控制坚膜温度。

在坚膜后还要对光刻胶进行光学稳定。通过光学稳定,使光刻胶在干法刻蚀过程中的抗蚀性得到增强,而且还可以减少在注入过程中从光刻胶中逸出的气体,防止在光刻胶层中形成气泡。

6. 刻蚀

经过曝光和显影后,光刻掩膜版上的图形转移到了光刻胶上,但这并不是所需要的器件结构,必须把光刻胶上的图形再转移到光刻胶下方的材料上才能得到真正的器件结构。采用刻蚀法可以达到目的,从而实现图形的转移。目前集成电路工艺中使用的刻蚀方法有湿法腐蚀和干法刻蚀两种。

(1) 湿法腐蚀

湿法腐蚀是使用特定的溶液与需要腐蚀的薄膜材料进行化学反应,以除去未被光刻胶覆盖区域的薄膜。湿法腐蚀的优点是工艺简单,而且可以控制腐蚀液的化学成分,使腐蚀液对特定薄膜的腐蚀速率远远大于对其他材料的腐蚀速率。但在湿法腐蚀中所进行的化学反应没有特定方向,所以会形成各向同性的腐蚀效果,使位于光刻胶边缘下面的薄膜材料不可避免地遭到腐蚀,也会使腐蚀后的线条宽度难以控制,这是湿法腐蚀的缺点。

(2) 干法刻蚀

相对于各向同性的湿法腐蚀,各向异性的干法腐蚀已经成为当前集成电路技术中刻蚀工艺的主流。

干法腐蚀是利用等离子体激活的化学反应或者利用高能离子束轰击,完成去除物质的方法。因为在刻蚀中并不使用溶液,所以称为干法刻蚀。

在干法刻蚀中,纵向的刻蚀速率远大于横向的刻蚀速率。这样,位于光刻胶边缘下面的材料,由于受光刻胶的保护就不会被刻蚀。不过,在干法刻蚀的过程中,离子对硅片上的光刻胶和无保护的薄膜也会进行刻蚀,其刻蚀的选择性就比湿法腐蚀差(所谓选择性,是指刻蚀工艺对被刻蚀薄膜和其他材料的刻蚀速率的比值;高选择性意味着刻蚀主要在需要刻蚀的材料上进行)。

7. 去胶

经过刻蚀和离子注入之后,已经不再需要光刻胶作为保护层,可以将光刻胶从硅片表面去除,这一步骤称为去胶。在集成电路工艺中,去胶时一般采用湿法去胶和干法去胶两种方法。

3.4.2　光刻胶

光刻胶通常分为正胶和负胶,正胶和负胶经过曝光和显影后所得到的图形是完全相反的。正胶的感光区域在显影时可以溶解,没有感光的区域在显影时不溶解,因此所形成的光刻胶图形和掩膜版图形的属性相同,因而称为正胶。负胶的情况与正胶相反,经过显影后在光刻胶上形成的图形与掩膜版图形相反,所以称为负胶。

正胶和负胶都可以用于制造半导体器件,但正胶的分辨率比负胶高,所以曝光时经常使用正胶。

虽然光刻和刻蚀是两种不同的加工工艺,但因为它们只有连续进行才能完成真正意义上的图形转移,而且在工艺线上这两个工艺步骤放在同一工序,因此,有时也把这两个工艺步骤统称为光刻。

3.5　掺　　杂

集成电路制造工艺中的掺杂是指将一定数量的某种杂质(如三价元素硼或五价元素磷、砷等)掺入半导体衬底中,以改变电学性能,并使掺入的杂质数量、分布形式和深度等都满足要求。例如,在 N 型衬底上掺硼,可以使原先的 N 型衬底电子浓度变小,或使 N 型衬底变为 P 型;如果在 N 型衬底表面掺磷,可以提高衬底表面的杂质浓度。对于 P 型衬底,如果掺入一定浓度的五价元素,将使原先的 P 型衬底空穴浓度变低,或使 P 型衬底变为 N 型。同样,如果在 P 型衬底表面掺硼,将提高 P 型衬底的表面浓度。

掺杂分为扩散和离子注入两种方法。

3.5.1　扩散

扩散是向半导体中掺杂的重要方法之一,也是集成电路的重要工艺。

杂质扩散是指从高温的硅表面渗入杂质以改变硅片内部杂质浓度分布的过程,它是制造 PN 结和电阻等的重要工序,每次扩散完就要进行一次氧化,把表面保护起来。

扩散是微观粒子一种极为普遍的运动形式,如果存在杂质浓度梯度将导致杂质的净扩散流,扩散运动的结果使粒子浓度分布趋于均匀。在气体、液体和固体中都存在扩散运动,不过在常温下,由于固体是凝聚态,粒子之间的相互作用很强,扩散运动是很慢的。只有在高温下才能加速固体中的扩散运动。

杂质进入半导体后有两种扩散方式,一种是占据原来硅原子的位置,另一种则位于晶格间隙中。因此扩散有替位式扩散和间隙式扩散之分,相应地也可将杂质分为替位式杂质和间隙式杂质两种,Ⅲ 族、Ⅴ 族元素在硅中的扩散均为替位式扩散。

在集成电路工艺中,大多数杂质扩散都是在选择的区域内进行,即在需要扩散的区域内进行扩散,不需要的区域不扩散。为了实现选择扩散,在不需要扩散的区域必须有一层阻挡掩蔽层,由于半导体工艺中常用的几种杂质,如磷、硼、砷等在二氧化硅层中的扩散系数均远小于在硅中的扩散系数,因此可以利用氧化层作为杂质扩散的掩蔽层。

杂质扩散除了沿纵向,即向硅层内部扩散外,在掩蔽窗口的边缘处还会向侧面扩散(即横向扩散)。横向扩散的宽度约为纵向扩散深度的 0.8 倍,即横向扩散宽度为 $0.8\,x_j$(x_j 为结深)。由于横向扩散的实际扩散区宽度将大于氧化层窗口的尺寸,这对制作小尺寸的器件来说十分不利;另外,横向扩散会使扩散区的 4 个角为球面状,将会引起电场在该处集中,导致 PN 结击穿电压降低,因此应设法避免横向扩散。

3.5.2　离子注入

离子注入是另一种掺杂工艺,它在很多方面都优于扩散方法。现在,集成电路制造的多道掺杂工序都采用离子注入技术,如隔离工序中防止寄生沟道的沟道截断、调整阈值电压的沟道掺杂、CMOS 阱的形成及源漏区的注入等主要工序都是靠离子注入来完成的。

1. 离子注入的特点

离子注入的特点主要有:

(1) 注入的离子是通过质量分析器选取出来的,被选取的离子纯度高,能量单一,保证了掺杂纯度不受杂质源纯度的影响。

(2) 掺杂的均匀性好。

(3) 离子注入一般在较低温度(小于 400 ℃)下进行,因此二氧化硅、氮化硅、铝和光刻胶等都可以作为离子注入掺杂的掩蔽膜,从而使集成电路工艺具有更大的灵活性,这是扩散工艺根本做不到的,因为热扩散法的掩膜必须能耐高温。

(4) 离子注入的深度由注入离子的能量和离子的质量决定,可以得到精确的结深。同时在注入过程中可精确控制电荷量,从而精确控制掺杂浓度。因此通过控制注入离子的能量和剂量,以及采用多次注入相同或不同杂质,可得到各种形式的杂质分布,对于突变型杂质分布、浅结制备等采用离子注入很容易实现。

(5) 离子注入不受杂质在衬底材料中的固溶度限制,原则上各种元素都可以掺杂。

(6) 离子注入的衬底温度较低,避免了高温过程引起的缺陷。

(7) 由于离子注入的杂质是按掩膜的图形近于垂直地射入衬底,因此横向效应比热扩散要小得多。

(8) 离子是通过硅表面上的薄膜(如 SiO_2)注入硅中,硅表面上的薄膜起到了保护膜的作用,防止了污染。

(9) 由于化合物半导体是由多种元素按一定组分构成的,这种材料经过高温过程后,组分可能发生变化,无法采用高温扩散工艺进行掺杂。采用离子注入就不存在这一问题,可以很容易地实现对化合物半导体的掺杂。

在离子注入中,被掺杂的材料一般称为靶。一束离子轰击靶时,其中一部分离子在靶表面被反射,称为散射离子,进入靶内的离子称为注入离子。

2. 退火

退火也叫热处理,集成电路工艺中在氮气等不活泼气氛中进行的所有热处理过程都可以称为退火。

高能离子射入靶(衬底)后,不断与衬底中的原子核及核外电子碰撞,能量逐步损失,最后停下来,每个离子停下来的位置是随机的,大部分不在晶格上,因而没有电活性。由于离子注入后还会在衬底中形成损伤,而且大部分注入的离子并不是以替位的形式位于晶格上,为了激活注入衬底中的杂质离子(使不在晶格位置上的离子运动到晶格位置,以便具有电活性,产生自由载流子,起到杂质的作用),并消除半导体衬底中的损伤,需要对离子注入后的硅片进行退火。

退火的方法有很多种,最早采用也最方便的方法是炉退火。近年来发展了多种快速退火工艺,比较常用的快速热退火技术有脉冲激光法、扫描电子束、连续波激光、非相干宽带频光源等,它们的共同特点是在瞬时内使晶片的某个区域加热到所需要的温度,并在很短的时间内消除离子注入等引起的缺陷,激活杂质,完成退火。

快速热退火的作用越来越重要,在对杂质分布要求极为严格的超大规模集成电路中更是如此。在现代集成电路工艺中,快速退火技术已经在很多工序中逐步取代炉退火。

3.6　淀　　积

在集成电路制造中,除了利用硅氧化产生二氧化硅之外,硅表面的其他薄膜都是通过气相淀积方法形成的。集成电路工艺中使用的基本淀积方法有两种:物理气相淀积和化学气相淀积。

3.6.1　物理气相淀积

物理气相淀积(PVD)是利用某种物理过程实现物质的转移,即原子和分子由源转移到衬底表面上并淀积成薄膜。物理气相淀积中最基本的两种方法是真空蒸发和溅射。

1. 真空蒸发

真空蒸发是利用蒸发材料在高温时所具有的饱和蒸气压进行薄膜制备。在真空条件下,加热蒸发源,使原子或分子从蒸发源表面逸出,形成蒸气流并入射到硅衬底表面,凝结形成固态薄膜。因为主要的物理过程是通过加热蒸发源使其原子或分子蒸发,所以又称为热蒸发。

真空蒸发法具有设备简单、操作容易、制备的薄膜纯度较高、厚度控制较精确、成膜速率快、生长机理简单等优点。主要缺点是所形成的薄膜与衬底附着力较小、工艺重复性不理想、台阶覆盖能力差等,因此该法目前已基本被溅射和化学气相淀积代替。

2. 溅射

溅射是利用带有电荷的离子在电场中加速后具有一定动能的特点,将离子引向被溅射的靶电极。在离子能量合适的情况下,入射离子在与靶表面原子的碰撞过程中使靶原子溅射出来。这些被溅射出来的原子带有一定的动能,并沿一定方向射向衬底,从而实现在衬底上的薄膜淀积。

与蒸发相比,溅射法制备薄膜的一个突出特点是在溅射过程中入射离子与靶材之间有很大能量的传递。因此,溅射出来的原子将从溅射过程中获得很大的动能,一般可达到 $10 \sim 50 \, \text{eV}$。而在蒸发过程中原子所获得的动能要小得多,只有 $0.1 \sim 0.2 \, \text{eV}$。由于能量的增加,可以提高溅射原子在淀积表面上的迁移能力,改善了台阶覆盖和薄膜与衬底之间的附着力。

具体的溅射方法较多,有直流溅射、射频溅射、磁控溅射、反应溅射、离子束溅射、偏压溅射等。

3.6.2　化学气相淀积

化学气相淀积(CVD)是集成电路工艺中用来制备薄膜的一种重要方法。这种方法是把含有构成薄膜元素的气态反应剂或液态反应剂的蒸汽,以合理的流速引入反应室,在衬底表面发生化学反应并在衬底表面淀积薄膜。CVD 膜的结构可以是单晶态、多晶态或非晶态,淀积单晶硅薄膜的 CVD 过程通常又称为外延。

CVD 技术具有淀积温度低、薄膜成分易于控制、均匀性和重复性好、台阶覆盖优良、适用范围广、设备简单等一系列优点。利用 CVD 方法几乎可以淀积集成电路工艺中所需要的各种薄膜,如掺杂或不掺杂的二氧化硅、多晶硅、非晶硅、氮化硅、金属(钨、钼)等。

1. 二氧化硅的化学气相淀积

CVD 氧化硅薄膜在集成电路工艺中非常重要,它不仅可以作为金属化时的介质层,还可以作为离子注入或扩散的掩蔽层,甚至还可以将掺磷、硼或砷的氧化物作为扩散源。但 CVD 氧化膜并不能代替热生长氧化层,这是因为 CVD 氧化层的质量比热生长氧化层差得多,CVD 和热生长氧化膜是互为补充的。

在实际集成电路工艺中具体采用哪一种方法制备氧化层,主要取决于氧化层在器件中的用途。通常,如果作为器件的组成部分,如栅氧化层、场氧化层等一般采用热生长方法;如果作为局域互连和多层布线的介质层,则采用 CVD 方法生长。

2. 多晶硅的化学气相淀积

利用多晶硅替代金属铝作为 MOS 器件的栅极是 MOS 集成电路技术上的重大突破之一,比利用金属铝作为栅极的 MOS 器件在性能上有很大改善,而且采用多晶硅栅技术可以实现源漏区自对准离子注入,使 MOS 集成电路的集成度得到很大提高。

3.7　接触与互连

在集成电路制造过程中,不仅要使各个器件在电学上相互隔离开,还要根据电路的要求,通过接触孔和互连材料将各个独立的器件连接起来,实现集成电路的功能。

接触与互连的基本工艺步骤如下:

(1) 为了减小接触电阻,在需要互连的区域要先进行高浓度掺杂。

(2) 淀积一层绝缘介质膜,如氧化硅、掺磷氧化硅(又叫磷硅玻璃)等。

(3) 通过光刻、刻蚀等工艺在该介质膜上制作出接触窗口,又叫欧姆接触孔。欧姆接触是指金属与半导体间的电压与电流的关系具有对称和线性关系,而且接触电阻也很小,不产生明显的附加阻抗。

(4) 利用蒸发、溅射或 CVD 等方法形成互连材料膜,如 Al、Al-Si、Cu 等。

(5) 利用光刻、刻蚀技术定义出互连线的图形。

(6) 为了降低接触电阻率,在 $400\sim450\,^{\circ}\mathrm{C}$ 的 $\mathrm{N_2H_2}$ 气氛中进行热处理,该工序一般称为合金。

铝是目前集成电路工艺中最常用的金属互连材料,这主要是由于铝具有电阻率较低,工艺简单,与 $\mathrm{P^+}$、$\mathrm{N^+}$ 型硅能同时形成低电阻率的欧姆接触等特点。但利用铝连线也存在一些比较严重的问题,如电迁移现象严重、电阻率偏高、合金中含有应力空洞、浅结穿透等,虽然采取了很多方法进行改进,如采用 Al-Si 合金、Al-Si-Cu 合金等,但由于这些合金仍以 Al 为主,都没有从根本上解决问题。

最近几个公司开发的铜(Cu)连线有望从根本上解决这一问题。人们很早就知道铜(Cu)连线具有电阻率低等特性,但由于制作铜连线比较困难,而且容易对制备过程中的设备和器件造成污染等,铜连线一直没有应用于大规模生产。1997

年,国际商业机器公司等研发出了 6 层铜连线商用芯片制造工艺使这一状况得到了很大改观。

随着工艺技术的进步和集成电路规模的扩大,连线在整个集成电路中所占的面积越来越大,有的已经占到总面积的 70%~80%;而且连线的宽度也越来越窄,电流密度迅速增加。所有这些都使得连线问题成为人们关注的焦点,甚至超过了对晶体管的关注程度。

3.8　CMOS 工艺主要流程

CMOS 工艺由许多工艺步骤组成,对于不同的流水线,工艺流程略有差别,但主要的步骤基本相同。图 3.2 描述了一个 P 阱硅栅 CMOS 电路工艺流程的主要步骤,它只是一个工艺的例子,用来说明在 CMOS 工艺流水线上,如何通过工艺步骤获得所需的结构和器件。

下面按照图示的顺序说明各工艺步骤的目的及工艺结果。图中有的剖面所示的结构是由两个或两个以上的工艺步骤完成的。

(1) 初始氧化(一次氧化)。初始氧化的目的是在已经清洗洁净的 N 型硅表面上生长一层二氧化硅,作为 P 型衬底(P 阱)掺杂的屏蔽层。

(2) 一次光刻和离子注入硼 B^+。这次光刻采用的是第一块光刻掩模版,其图形是所有需要制作 P 阱和相关 P^- 区域的图形,刻蚀过程可以采用湿法技术。光刻和刻蚀的结果是使需要作为 P 阱及相关 P^- 区域的硅衬底裸露出来,同时,当刻蚀完毕后保留光刻胶不去除,和光刻胶下面的二氧化硅一起作为离子注入的屏蔽层。

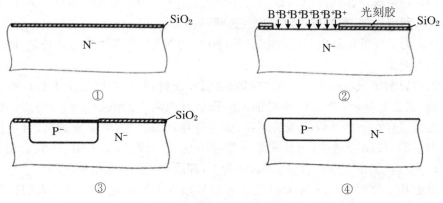

图 3.2　CMOS 工艺流程

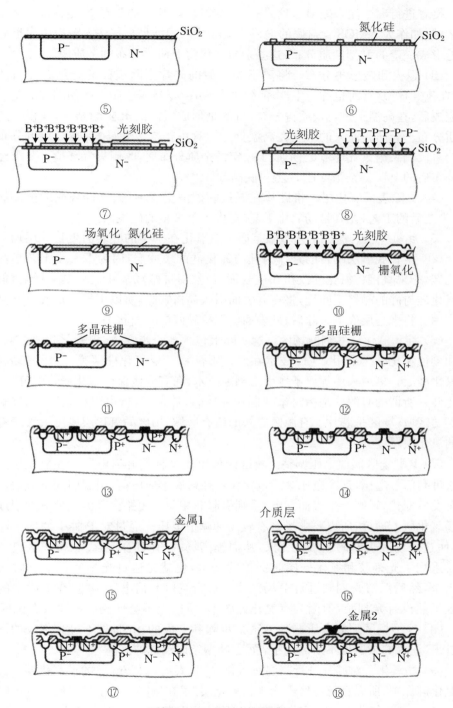

续图 3.2 CMOS 工艺流程

接着进行离子注入硼 B^+，这是一个掺杂过程，其目的是在 N 型衬底上形成 P 型区域，如作为 NMOS 管衬底的 P 阱。离子注入的结果是在注入窗口中靠近硅表面处形成一定的 P 型杂质分布，这些杂质将作为 P 阱再分布的杂质源。

（3）退火和杂质再分布。将离子注入后的硅片去除表面的光刻胶并清洗干净，在氮气环境（有时也称为中性环境）下退火，恢复被离子注入损伤的硅晶格。退火完成后，在高温下进行杂质再分布，目的是形成所需的 P 阱的结深，获得一定的杂质分布。为防止注入的杂质在高温处理过程中被二氧化硅"吞噬"，在再分布的初始阶段仍采用氮气环境，当形成了一定的杂质分布后，改用氧气环境。要求经过再分布后的 P 阱掺杂浓度比 N 型衬底高 5～10 倍。

（4）去除表面氧化层。将硅片在湿法腐蚀液里浸泡，去除硅表面的全部氧化层，为之后的工艺（尤其是场氧化工艺）提供一个平整的硅表面。

（5）底氧生长。这个工艺步骤是通过热氧化在平整的硅表面生长一层均匀的氧化层。生长底氧层的目的是作为硅与氮化硅的缓冲层，因为下一步工艺是淀积氮化硅，如果直接将氮化硅淀积在硅表面，虽然对屏蔽场氧化效果是一样的，但由于氮化硅与硅的晶格不匹配，将在硅表面引入晶格缺陷，所以生长一层底氧起到缓冲作用。将来这层底氧去除后，硅表面仍保持较好的界面状态。

（6）淀积氮化硅并刻蚀场区。这实际上包含 3 个步骤：淀积氮化硅、光刻有源区和刻蚀氮化硅。采用 CVD 技术在底氧上淀积一层氮化硅薄膜，然后光刻和刻蚀氮化硅层。刻蚀采用等离子体干法刻蚀技术，在有源区保留氮化硅，在场区去除氮化硅。所谓的有源区是指将来要制作晶体管、掺杂条（低电阻掺杂区）和接触电极等的区域；场区是芯片上有源区之外的所有区域，场区的氧化层厚度远大于有源区的氧化层厚度。

（7）P 型场区阈值电压调整。场区阈值电压又称场开启电压。在氧化层上的引线带有信号电压，这个电压会通过氧化层在衬底感应电荷，引起引线下硅表面的状态发生变化，轻则产生表面漏电，重则引起非相关区短路。因为大部分的引线将在场氧化层上通过，所以要求场区有较高的阈值电压。通过对 P 阱中的场区注入硼，使这些场区表面的硼浓度变大，从而提高场区的阈值电压。在做场区离子注入时采用了光刻胶和氮化硅同时保护的技术，也就是通过光刻使整个 P 阱区暴露出来，然后保留光刻胶进行 P 场区注入进行场区阈值电压调整，在 P 阱中的有源区虽然没有光刻胶，但因为有氮化硅图形，所以也不会使硼离子注入有源区。

（8）N 型场区阈值电压调整。这个步骤和上面的相同，只不过光刻胶的图形反过来，注入的杂质也不是硼离子，而是 N 型杂质磷或砷。

（9）场氧化。对硅片进行高温热氧化，生长大约 $1.2\ \mu m$ 厚的场氧化层。因为有氮化硅保护，所以在有源区不会生长氧化层，仅在场区生长了所需的厚氧化层。

（10）去除氮化硅、栅氧化、NMOS 阈值电压调整。采用干法刻蚀技术将硅片表面的氮化硅层全部去除，并将底氧化层也去除。在清洗以后进行栅氧化，生长一层高质量的氧化层。然后可进行 NMOS 和 PMOS 的阈值电压调整，或者只进行 NMOS 阈值电压调整，或者不进行调整，这取决于对阈值电压的要求以及衬底浓度的情况，这个步骤简称为调栅。如果不进行阈值电压的调整就已经得到了满意的阈值电压，则调整工艺可省去，总之，视具体情况进行选择。图 3.2 中给出了只进行 NMOS 阈值电压调整的情况，在栅氧化之后，用调栅光刻板光刻并保留光刻胶，将需要进行调整的 NMOS 及相关区域暴露出来，通过离子注入硼调整 NMOS 有源区的表面硼浓度，以达到 NMOS 阈值电压调整的目的。PMOS 阈值电压调整的过程与 NMOS 类似，只不过光刻版的图形要反过来。调栅后需进行退火处理。

（11）淀积多晶硅并光刻、刻蚀多晶硅图形。利用 CVD 技术淀积多晶硅薄膜，并通过多晶硅掺磷（N 型杂质）以获得所需的电阻率。然后，光刻栅图形和多晶硅引线图形。最后，通过干法刻蚀技术刻蚀多晶硅，完成多晶硅图形的加工。

（12）离子注入形成 PMOS 和 NMOS 的源漏区。用 PMOS 源漏光刻版进行光刻并保留光刻胶。这时除了 PMOS 有源区和 P 型衬底重掺杂接触区（如地线接触区）被暴露以外，其他区域用光刻胶保护，接着进行离子注入硼，形成 P$^+$ 掺杂区。

用 NMOS 源漏光刻版进行光刻并保留光刻胶，这时除了 NMOS 有源区和 N 型衬底重掺杂接触区（如电源接触区）被暴露以外，其他区域用光刻胶保护。接着进行离子注入磷，形成 N$^+$ 掺杂区。再进行退火、再分布等工艺，完成最终的源漏区形成和表面二氧化硅生长。

（13）低温淀积掺磷二氧化硅。采用 CVD 技术在硅片表面淀积一层掺磷的二氧化硅薄膜，这步工艺有两个目的：一是形成回流材料，二是增加表面的二氧化硅厚度。

（14）光刻引线孔并回流。采用引线孔掩膜版进行引线孔的光刻，通过湿法刻蚀工艺完成引线孔处的二氧化硅刻蚀。再用低温回流技术使硅片上的台阶和陡度降低，形成缓坡台阶，其目的是改善金属引线的断条情况。

（15）淀积第一层金属并完成第一层金属引线的光刻和刻蚀。通过溅射的方法在硅表面淀积一层金属，作为第一层金属引线材料。然后采用第一层金属掩膜版进行光刻，通过干法刻蚀技术完成第一层金属引线的刻蚀，从而获得第一层金属引线图形。

（16）制作双层引线间的介电材料。经过一系列的工艺加工，硅片表面已经高低起伏，如不进行特殊处理而直接淀积介电材料，这种起伏将更大，会使第二层金属加工在曝光聚焦上产生困难，因此，双层金属引线间的介电材料就要求具有平坦度，或者要利用这层材料将硅表面变平坦。可以采用的技术是：首先采用 CVD 技术淀积一层二氧化硅，然后用旋涂法制作一层新的二氧化硅，最后用 CVD 技术淀积二氧化硅，完成平坦的介电材料制作过程。其中最重要的是中间一层二氧化硅并不是普通的二氧化硅,而是采用了含有介电材料的液态有机溶剂,用旋涂法将这种溶剂涂布在硅片表面,利用溶剂的流动性来填补硅片表面的凹处,然后经过热处理去除溶剂,留下的介电材料就是二氧化硅。

(17) 光刻和刻蚀双层金属间的连接通孔。这步工艺与光刻引线孔类似,目的是构成双层金属间的连接。值得注意的是,第二层金属不能直接与器件的半导体连接,必须通过第一层金属"搭桥"。

(18) 第二层金属光刻与刻蚀。用类似于第一层金属光刻与刻蚀的方法完成第二层金属引线的加工。

如果是单层金属布线,主要的工艺到步骤(15)就结束了。

从上述工艺步骤可见,虽然 CMOS 的工艺流程很复杂,但从工艺分类而言,也还是本章前面所介绍的 4 种基本工艺技术。

3.9　双极型工艺主要流程

双极型工艺同 CMOS 工艺相似,也由许多工艺步骤组成,对于不同的流水线,工艺流程略有差别,但主要的步骤基本相同。图 3.3 描述了一个基本的双极型电路工艺流程的主要步骤,它是一个标准的双极型工艺的例子,用来说明在双极型工艺流水线上是如何通过工艺步骤获得所需的结构和器件的。

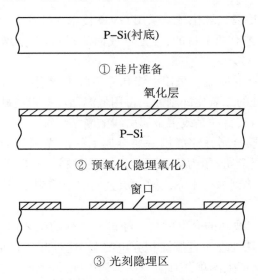

① 硅片准备

② 预氧化(隐埋氧化)

③ 光刻隐埋区

图 3.3　双极型工艺基本流程

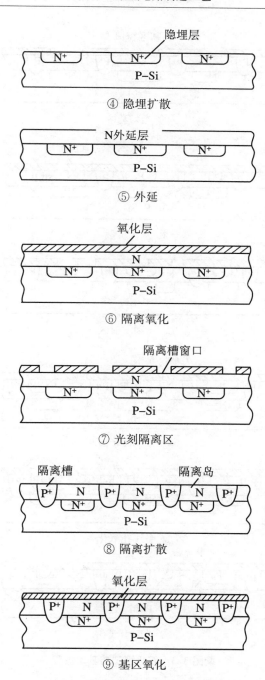

④ 隐埋扩散

⑤ 外延

⑥ 隔离氧化

⑦ 光刻隔离区

⑧ 隔离扩散

⑨ 基区氧化

续图 3.3　双极型工艺基本流程

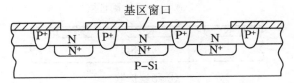

⑩ 光刻基区

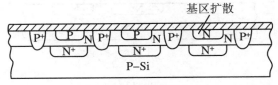

⑪ 基区扩散

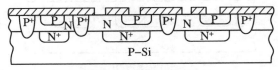

⑫ 光刻发射区

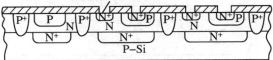

⑬ 发射区扩散

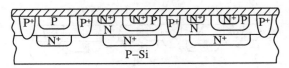

⑭ 引线孔氧化

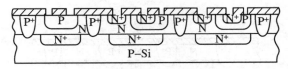

⑮ 光刻引线孔

续图 3.3 双极型工艺基本流程

铝层

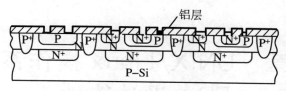

⑯ 蒸铝

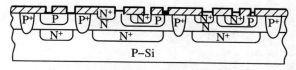

⑰ 反刻引线(与合金化后的图形相同)

续图 3.3 双极型工艺基本流程

第 4 章　UNIX/Linux 操作系统和EDA 设计软件

本 章 要 点

1. UNIX/Linux 的概念及特点。
2. EDA 厂商概况。
3. 我国 EDA 厂商及发展状况。
4. 我国 EDA 厂商如何突围寻求发展。

集成电路(或电子系统)的设计技术,经历了手工设计阶段、CAD(计算机辅助设计)阶段和 EDA(电子设计自动化)阶段。

现在,集成电路的版图设计主要是在工作站上进行。工作站是个人使用的台式计算机系统,具有高速数据处理和高性能图形处理能力、良好的人机界面和通用的操作系统、标准的网络互联接口和标准的输入输出接口,同时具有丰富的应用软件,适于工程、科研、管理等应用。非常强的图形处理能力是工作站的最大特点之一。工作站和 PC 机的主要区别在于工作站采用高性能芯片作为 CPU,或采用多个微处理器构成系统,以保证它的计算能力和处理能力;存储容量大于 PC 机;操作系统多使用 UNIX/Linux,只有中低档工作站使用 Windows NT。目前国内教学和专业设计公司使用的工作站主要是美国太阳微系统公司的 ULTRA 系列,近期为 SunBlade 系列。

工作站的性能优于 PC 机,显示器大多为 21 英寸以上,但价格比 PC 机高得多。近几年来,个人计算机的应用日益普及,集成电路设计软件 Cadence 在 PC 机上的应用也逐渐流行,给版图设计的初学者提供了更多的实践机会。在这种 PC 版的 Cadence 软件中,操作系统是 Red Hat(红帽子)Linux。为了使用工作站(或 PC 机)进行集成电路版图设计,必须学习 UNIX(或 Linux)操作系统的基础知识。另外,Cadence 软件是需要重点学习的版图设计软件,本章同时也探讨了一些其他相关的版图设计软件。

4.1　UNIX/Linux 操作系统

Cadence 软件等 EDA 工具使用的操作系统是 UNIX/Linux。它们是分时多用户、多任务操作系统,它具有如下主要特点:功能齐全;短小、精干,工作速度较快,效率高;可以根据硬件配置及用户需要进行裁剪或局部更换,因而可适应于各种规格的计算机;UNIX/Linux 是用高级语言(C 语言)编写的,因而易于移植,可在各种硬件平台上运行。

4.1.1　UNIX 操作系统

1. UNIX 操作系统简介

UNIX 操作系统于 1969 年在贝尔实验室诞生,最初用于中小型计算机。最早移植到 80286 微机上的 UNIX 系统,称为 XENIX 系统。XENIX 系统的特点是短小精干,系统开销小,运行速度快。UNIX 操作系统为用户提供了一个分时的系统以控制计算机的活动和资源,并且提供了一个交互、灵活的操作界面。它能够同时运行多进程,支持用户之间共享数据。同时,UNIX 操作系统支持模块化结构,当用户安装 UNIX 操作系统时,只需安装其工作需要的部分,如 UNIX 操作系统支持许多编程开发工具,但如果用户并不从事开发工作,只需安装需要的编译器。用户界面同样支持模块化原则,互不相关的命令能够通过管道相连用于执行非常复杂的操作。UNIX 操作系统有很多种,许多公司都有自己的版本,如 AT & T、Sun、HP 等。

2. UNIX 操作系统应用

UNIX 操作系统几乎可应用于所有 16 位及以上的计算机,包括微机、工作站、小型机、多处理机和大型机等。

3. UNIX 操作系统特点

(1) 多任务、多用户。
(2) 并行处理能力。
(3) 管道。
(4) 安全保护机制。
(5) 功能强大的计算机壳层(Shell)。

（6）强大的网络支持，是互联网上各种服务器的首选操作系统。

（7）稳定性好。

（8）系统源代码用高级语言（C语言）写成，移植性强。

（9）出售源代码，软件厂家可自己增删。

4.1.2　Linux 操作系统

1. Linux 操作系统简介

Linux 是一种自由和开放源码的类 UNIX 操作系统，虽然有许多不同的 Linux 版本，但它们都使用了 Linux 内核。Linux 操作系统可安装在各种计算机硬件设备中，如手机、平板电脑、路由器、视频游戏控制台、台式计算机、大型计算机和超级计算机等。

Linux 是一个领先的操作系统，世界上运算最快的 10 台超级计算机运行的都是 Linux 操作系统。严格来讲，Linux 这个词本身只表示 Linux 内核，但实际上人们已经习惯了使用 Linux 来形容整个基于 Linux 内核，并且使用 GNU 工程各种工具和数据库的操作系统。

PC 版的 Cadence 软件，使用的操作系统是 Red Hat Linux。Linux 是 UNIX 操作系统在 PC 机上的实现，它最早于 1991 年开发出来并在网上免费发行。Linux 操作系统的开发得到了互联网上许多 UNIX 程序员和爱好者的帮助，可以说它是由一群志愿者开发出来的操作系统，整个操作系统的设计是开放式和功能式的。Linux 操作系统具有如下特点：

（1）一个完全多任务、多用户的操作系统，同时融合了网络操作系统的功能，允许多用户同时登录一台机器并同时运行多道程序。它还支持虚拟控制台，可以使登录的多个用户进行切换。

（2）可支持多种类型的文件系统。

（3）提供 TCP/IP 网络协议的实现，支持多种以太网卡及个人电脑的接口，同时还支持 TCP/IP 客户与服务器功能。

（4）支持字符与图形界面，支持多种显示器，是一个完整的 X 窗口软件。

主流的 Linux 发行版：Ubuntu，Debian GNU/Linux，Fedora，Gentoo，Mandriva Linux，PC LinuxOS，Slackware Linux，openSUSE，Arch Linux，Puppy Linux，Linux Mint，CentOS，Red Hat Linux 等。

大陆发行版：中标麒麟 Linux（原中标普华 Linux），红旗 Linux（Red-flag Linux），起点操作系统 StartOS（原 Ylmf OS），Qomo Linux（原 Everest），冲浪 Linux（Xteam Linux），蓝点 Linux，新华 Linux，共创 Linux，百资 Linux，Veket，lucky8k-veket，OpenDesktop，Hiweed GNU/Linux，Magic Linux，Engineering

Computing GNU/Linux，Kylin，中软 Linux，新华华镭 Linux（AYS LX），CDlinux，MClinux，即时 Linux(Thizlinux)，B2D Linux，IBOX，MCLOS，FANX，酷博 Linux，新氧 Linux，Deepin Linux。

其中，CDlinux 可方便集成一些无线安全审计工具，具有较好的中文界面且体积小巧。另外，新氧 Linux、Hiweed GNU/Linux 都基于 Ubuntu(都已停止更新)，Deepin Linux 是 Hiweed GNU/Linux 与深度操作系统合并后的版本，已成为中国 Linux 的后起之秀。

2. Linux 操作系统特点

Linux 操作系统过去主要作为服务器运行，但经过几年的发展，其用户界面有了很大改善。如今，Linux 已经成为美观易用、用户友好的桌面操作系统。在某些方面，Linux 操作系统甚至赶超 Windows 和 Mac 成为用户首选。Linux 操作系统主要有以下特点：

(1) 高安全性

安装 Linux 操作系统能有效避免病毒。Linux 操作系统下除非用户以 root 身份登录，否则程序无法更改系统设置和配置。因此，下载文件或恶意软件的权限将受到限制。也就是说，除非进入超级用户状态，否则连软件都无法安装，病毒或恶意软件就更无法自动安装了。

由于 Linux 操作系统已开源，全世界的开发者都可以查看源码，这意味着 Linux 操作系统的大多数缺陷已经被全世界的开发者找出来了。

(2) 高可用性

Linux 操作系统非常稳定，不易崩溃。它能在使用几年后保持和第一次安装时同样的运行速度。而 Windows 操作系统可能在运行半年后，速度就会变慢。Linux 操作系统正常运行时间长，可用性为 99.9%，每次更新或修复程序之后无需重启系统。因此，Linux 操作系统在互联网上运行的服务器数量最多。

(3) 易于维护

Linux 操作系统非常容易维护，用户可以集中更新操作系统和所有安装的软件。它的每个发行版本都有自己的软件管理中心，提供定时更新，既安全又高效。

(4) 可在任何硬件上运行

Linux 操作系统能有效利用系统资源，允许用户定制安装或针对特定的硬件要求进行安装。其安装过程灵活，用户可自行选择需要安装的模块，可在旧硬件上安装 Linux 操作系统，从而有助于根据用户需要使用硬件资源。

(5) 免费

Linux 操作系统完全免费，它拥有强大的免费软件群，从教育类软件到音频/视频编辑等。企业可以免费使用软件，大大降低了成本。

(6) 开源

Linux 操作系统最大的特点就是源码可用，属 FOSS 类别（免费和开源软件）的开发者可自由查看和修改源码,能及时发现问题并解决。有些国家还在开发自己的 Linux 版本,这有助于国家在国防、通信等战略领域开发自己的操作系统。

(7) 易于使用

一般认为,Linux 操作系统只适用于极客,而现在它已成为用户友好型操作系统,还具有良好的图形用户界面(GUI)。它几乎具备 Windows 的所有功能,GUI 界面也发展到了一定程度,能满足大多数用户的需求。有人认为 Linux 操作系统不能满足游戏玩家的需求,但现在还有几款游戏能在 Linux 操作系统上使用,用户还可以通过安装 PlayOnLinux 来运行 Windows 游戏。

(8) 超强的灵活性

Linux 操作系统具有超强的灵活性,用户可以根据需求定制系统。它为用户提供了大量的壁纸、桌面图标和面板选项,有 6 个以上的桌面环境供用户选择。对于其他任务,从 GUI 界面和文件管理器到 DVD 刻录,约有 4～6 个选项可用于特定软件。系统管理员可以享受强大的命令行界面和编写 Shell 脚本来自动执行日常维护和各种其他任务。所以,用户能想到的,它基本都能办到。

(9) 教学功能

Linux 操作系统在修改和扩展代码以满足用户的需求前,用户可以通过软件了解其运行原理,这有助于用户学习操作系统和软件的内部结构。而且,即使用户不会编程,Linux 操作系统也能通过帮助文档、翻译和测试来帮助用户学习,它还提供了免费的软件用于教学,如 Celestia 和 Stellarium 用于天文学,Avogadro 和 Gabedit 用于化学等。

(10) 支持

Linux 操作系统有强大的社区支持。因为有众多的志愿者,论坛提出的任何问题都能快速得到回复。如有需要,用户也可以购买企业级服务,Red Hat 和 Novell 等公司为关键应用程序和服务提供 24×7 支持。

3. Linux 平台逐步取代 UNIX 平台

为何大部分 EDA 工具都使用 Linux 平台而不是普通的 Windows 平台？这其实很好理解,因为多数工程及科技软件原先都是在 UNIX 平台上首先开发和使用的,这些工具出现的时候微软的 Windows 还没有出现。一些工程和科技软件被移植到 Windows 上还是发生在 20 世纪 90 年代末之后的事。

虽然后来 Windows 在办公等日常工具中占据了主导地位,但像 EDA 工具这样的工程软件依然在 UNIX 平台及后来的 Linux 平台上开发和应用,多数并未被移植到 Windows 平台上。这是因为 UNIX 平台及后来的 Linux 平台所具有的真正的多用户分布式系统(Windows 不是真正的多用户系统)等特点特别适用于工程及科技软件。

随着 Linux 平台逐步取代 UNIX 平台,EDA 工具现在也基本全面移植到了

Linux 平台上。如 Cadence 计算平台路线图的规划所示,除了原先收购的 OrCAD 还在使用 Windows 外,其他工具都已经移植到了 Linux 平台上,而以前的 UNIX 平台如 HPUX、Solaris、SunOS 等现在都已经终止使用,IBM 公司的 AIX 平台也只是在某些合同下继续开发某些特定的 EDA 工具。这也为在校学习集成电路设计的学生提供了启示,即若准备将来从事集成电路行业,就必须熟练掌握 Linux 这个必备的系统工具。现实是 Linux(Android)和 UNIX(iOS)已经在移动设备上占据了主导地位,所以即便不准备从事集成电路行业,熟练掌握 Linux 也能够在其他行业中获得发展机会。

4.2　集成电路设计 EDA 软件简介

EDA 工具是电子设计自动化(Electronic Design Automation)的简称,是从计算机辅助设计(CAD)、计算机辅助制造(CAM)、计算机辅助测试(CAT)和计算机辅助工程(CAE)的概念发展而来的。利用 EDA 工具,工程师能将芯片的电路设计、性能分析及设计出集成电路版图的整个过程交由计算机自动处理完成。

EDA 是集成电路电子行业必备的设计工具软件,是集成电路产业链最上游的子行业。目前国际上具有代表性的 EDA 供应商 Cadence、Synopsys、Mentor Graphics 是 EDA 工具软件厂商全球三巨头。Mentor Graphics 已被西门子以 45 亿美元收购。

20 世纪六七十年代,由于集成电路没有那么高的复杂程度,工程师可以手工完成集成电路的设计、布线等工作。但随着集成电路越来越复杂,完全依赖手工越来越不切实际,工程师们只好开始尝试将设计过程自动化。1980 年,卡弗尔·米德和琳·康维在发表的论文《超大规模集成电路系统导论》中提出了通过编程语言来进行芯片设计的新思想,加上集成电路逻辑仿真、功能验证的工具日益成熟,工程师们可以设计出集成度更高且更加复杂的芯片。

1986 年,硬件描述语言 Verilog HDL 问世,Verilog HDL 语言是目前最流行的高级抽象设计语言。1987 年,VHDL 语言在美国国防部的资助下问世。这些硬件描述语言的问世助推了集成电路设计水平的提升。随后,根据这些语言规范产生的各种仿真系统被迅速推出,设计人员可对设计的芯片进行直接仿真。随着技术的进步,设计项目可以在构建实际硬件电路之前进行仿真,芯片布线布局对人工设计的要求和出错率也在不断降低。

时至今日,尽管设计所用的语言和工具仍在不断发展,但通过编程语言来设计、验证电路预期行为,利用工具软件综合得到低抽象级物理设计的这种途径,仍然是数字集成电路设计的基础。一位从事 CPU 设计的工程师表示:"在没有 EDA

工具之前,设计电路要靠手工。对于大规模集成电路要设计上亿个晶体管,靠手工完成简直是不可能的。可以说有了 EDA 工具,才有了超大规模集成电路设计的可能。"

目前,全球 EDA 工具市场被三巨头 Synopsys、Cadence、Mentor Graphics 瓜分,它们拥有大部分 EDA 工具的市场份额。2017 年,包括 EDA 工具、半导体知识产权(SIP),以及服务等在内的全球整体 EDA 产业市场规模约在 85 亿～90 亿美元之间,三巨头瓜分了 70% 的市场。

下面将按照这些公司成立的顺序,对全球 EDA 三巨头:Synopsys、Cadence、Mentor Graphics 作简要介绍。

4.3　美国 EDA 公司及发展状况

4.3.1　美国明导公司

美国明导公司(Mentor Graphis,略称 Mentor)成立于 1981 年,从 PC 机起步,涉足 EDA 的整个设计流程。在 2016 年被西门子公司以 45 亿美元收购。作为 EDA 业界老三,体量比 Synopsys 和 Cadence 要小不少,年营收规模约在 7 亿～8 亿美元之间,全球员工总数为 4000 人。作为三巨头中成立时间最早的公司,虽然工具没有 Synopsys 和 Cadence 全面,但在某些领域还是有独到之处,比如在 PCB 设计工具、Calibre 验证工具、DFTAdvisor 自动测试方面都具有一定优势。

4.3.2　美国楷登电子公司

美国楷登电子公司(Cadence)的前身是成立于 1982 年的 ECAD 公司,1988 年与 SDASystem 公司合并为 Cadence 公司,提供 EDA 的整个设计流程,是 EDA 业界位居第二的厂商。目前在前端仿真(Verilog HDL)及后端布图方面占据优势。1997 年并购 HLDS 公司和 CCT 公司,1998 年宣布并购 Ambit 公司。

Cadence 公司 2016 年的营收为 18.2 亿美元,全球员工总数超过 7000 人。公司产品主要包括模拟电路、PCB 电路、FPGA 工具。1991 年推出的 Virtuoso 工具,历经 27 年不衰,在 EDA 业界是个传奇。正是凭借 Virtuoso 工具,Cadence 公司在业内稳居第二。据悉,Virtuoso 工具将不再局限于模拟电路,将从模拟电路平台走向数模混合平台;从模拟验证走向实现芯片、封装、通信到 PCB 交互式协同仿真。

　　Cadence 公司是一家专门从事电子设计自动化（EDA）的软件公司，是全球最大的电子设计技术、程序方案服务和设计服务供应商。其解决方案旨在提升和监控半导体、计算机系统、网络工程和电信设备、消费电子产品以及其他各种类型的电子产品的设计。

　　Cadence 软件是 Cadence 公司生产的集成电路设计产品的总称，是个大型的 EDA 软件，是具有强大功能的大规模集成电路计算机辅助设计系统。作为流行的 EDA 设计工具，Cadence 软件可以完成各种电子设计，包括 ASIC 设计、FPGA 设计和 PCB 设计。与其他著名的 EDA 软件相比，虽然 Cadence 软件的综合工具略为逊色，但它在仿真、电路图设计、自动布局布线、版图设计及验证等方面都占有绝对优势，因此 Cadence 软件一直受到广大 EDA 工程师的青睐。

　　Cadence 软件包含的工具有很多，在集成电路设计过程中常用的工具有：

　　（1）Verilog HDL 仿真工具 Verilog-XL。

　　（2）电路设计工具 Composer。

　　（3）电路模拟工具 Analog Aritist。

　　（4）版图设计工具 Virtuoso Layout Editor。

　　（5）版图验证工具 Dracula 和 Diva。

　　（6）自动布局布线工具 Preview 和 Silicon Ensemble。

　　其产品涵盖了电子设计的整个流程，包括系统级设计，功能验证，IC 综合及布局布线，模拟、混合信号及射频 IC 设计，全定制集成电路设计，IC 物理验证，PCB 设计和硬件仿真建模等。其总部位于美国加州圣何塞，在全球各地设有销售办事处、设计及研发中心。2016 年，Cadence 公司被《财富》杂志评为"全球年度最适宜工作的 100 家公司"。

4.3.3　美国新思科技公司

　　美国新思科技公司（Synopsys）的前身是成立于 1986 年的 Optimal Solution 公司，1987 年原 Daisy System 公司的总经理加盟，任执行总裁兼总经理，并将公司改名为 Synopsys。Synopsys 公司是全球最大的 EDA 厂商和全球第二大 IP 提供商，公司市值已经达到了 130 亿美元，2017 年财年营收达到 27 亿美元，全球员工总数超过 12000 人。

　　1997 年，Synopsys 公司购并 Viewlogic 公司，从而向用户提供 Verilog HDL 仿真器。2002 年购并 Avant 公司，该公司以提供后端布图和参数提取验证工具为主，尤其在超深亚微米设计领域表现非常突出，这极大地增强了 Synopsys 公司的实力。

　　Synopsys 公司提供 VHDL 仿真、逻辑综合及 IP 宏单元开发，其占据统治地位的产品为逻辑综合工具 DC（Design Compiler）和时序分析工具 PT（Prime Time），这两大产品在全球 EDA 市场几乎一统江山。通过这两大产品 Synopsys 公司建立了完整的芯片 ASIC 设计流程,包括 Verilog 仿真工具 VCS、逻辑综合工具 Design Compiler、物理布局布线工具 IC Compiler、形式验证工具 Formality、时序分析工具 Prime Time、参数提取工具 StarRC、版图检查工具 Hercules 和 ATPG 工具 TetraMAX,可以说是集广、大、全的特点于一身。

总体来说,Cadence 公司的优势在于模拟设计和数字后端设计。Synopsys 公司的优势在于数字前端、数字后端和逻辑综合。Mentor Graphics 公司的优势是 Calibre 验证工具和 DFT Advisor 自动测试。

4.4　我国 EDA 公司及发展状况

早在 1986 年我国就组织有关高校和科研单位开发可以在工作站和微机系统上运行的 ICCAD 软件。总体来看,中国 EDA 起步还是很早的。

由于某些历史原因,我国 EDA 虽然发展早,但前期研发进展太慢,导致产业化严重滞后。现在中国的 EDA 厂商主要有三家:广立微、芯禾科技、华大九天,它们已经做好准备,以期在快速发展的中国集成电路产业中占得一席之地。

4.4.1　广立微

广立微是一家为半导体制造和设计业提供智能化测试芯片系统和一站式提高良品率、工艺稳定性技术服务系统的公司。目前公司和全球垂直整合型公司(IDM)、生产芯片的厂家(Foundry)、外包半导体(产品)封装和测试公司(OSAT)、集成电路设计公司(Fabless)都建立了良好的合作关系,其产品已经在全球顶级公司投入使用。

产品制造和设计问题大多是工艺造成的,解决问题的步骤一般都是由 Foundry 发现之后,交于 EDA 公司分析解决。针对 Foundry 的良率和成品率的解决方案,广立微可谓是"十年磨一剑"。公司自主研发的 VirtualYield 是一款分析版图关键面积及其他版图特征的软件,可以完成关键面积分析、晶体管分析以及模式匹配分析,以提高制造良率。公司提供三大工具和两个测试设计平台,三大工具除了刚才提到的 VirtualYield,还有可以创建几乎所有类型的参数化单元的软件 Smt-Cell 和快速方便地分析数据并构建多种不同类型的图表来完成数据分析报告的软件 DataExp;两个测试设计平台,一是 TCMagic 平台,会对设计划片槽和 MPW 测试芯片提供完整的解决方案,二是 ATCompiler 平台,提供完整的对大型可寻址及划片槽内可寻址测试芯片的解决方案。两大平台可以实现在单一平台上提供版图设计自动化、全芯片仿真和验证、设计文档和测试程序自动生成等服务。

4.4.2　芯禾科技

随着无线通信和移动通信技术的迅猛发展,市场对小型化、高性能、轻量化和低成本的要求愈发迫切,射频芯片作为随着集成电路工艺改进而出现的一种新型射频器件快速代替了使用分立半导体器件的混合电路。针对射频芯片设计和验证,芯禾科技推出了一个工具集。该工具集包括三维电磁(EM)快速仿真工具 IRIS、无源器件工艺设计套件(PDK)抽取工具 iModeler 和无源器件 PDK 验证工具 iVerifier,可以与 Cadence Virtuoso 无缝集成,不仅使设计人员能够留在 Cadence 的设计环境下进行 EM 仿真以避免版图数据转换时出错,同时也可实现前端设计和 EM 仿真、反标的完美结合,尤其是电磁场仿真工具,从物理上保证了电路实体结构的电磁特性的获得,确保生成片上无源元件和互连线路基于电磁场的精确模型,极大地帮助了射频设计人员减少电路设计的周期时间。公司除了推出射频芯片设计和验证工具集外,还推出了包括 S 参数处理和分析工具 SnpExpert、三维过孔模型抽取工具 ViaExpert、链路仿真和分析工具 ChannelExpert、电缆建模和仿真工具 CableExpert、传输线建模和仿真工具 TmlExpert、封装和板级信号完整性分析工具 HERMES SI、仿真项目统一管理工具 JobQueue 在内的高速信号分析解决方案。

4.4.3　华大九天

目前国内集成电路设计公司几乎全部采用国外 EDA 工具。作为国产 EDA 龙头的华大九天来说,要担负起突破集成电路设计工具的国外垄断,研发与推广国产 EDA 软件及保卫国家信息安全的重任。

华大九天承接了熊猫 EDA 系统——九天系列工具软件业务 20 多年的技术、产品、团队和市场积累,拥有国内规模最大、技术领先的 EDA 研发团队和国内外众多客户群体,是中国本土最大的一家 EDA 软件供应商,致力于提供专业的 EDA 解决方案、高端 SoC 解决方案和一站式设计生产服务。

1986 年华大九天开始研发熊猫 ICCAD 系统,1993 年发布熊猫系统,2001 年发布九天 Zeni 系统,2006 年发布 SoC 时钟分析与优化工具 Clock Explorer,2008 年发布时序优化工具 Timing Explorer,2011 年发布海量版图高效处理平台 Skipper、高效版图验证解决方案 Argus、寄生参数提取分析工具 RCExplorer,2012 年推出数模混合信号电路物理设计系统(AMS-PD),2014 年发布模拟电路 EDA 全系统工具,2015 年发布设计库一致性检查工具 Qualib,2016 年发布高精度大容量并行仿真电路模拟器(spice)仿真工具 ALPS,2017 年发布 Silicon-aware 时序签核及大数据分析工具 XTime 和完整的时序工程修改（ECO）优化解决方案 XTop。

目前华大九天拥有三大 EDA 解决方案，包括数模混合集成电路设计全流程 EDA 解决方案、SoC 设计优化 EDA 解决方案及平板显示（FPD）设计全流程 EDA 解决方案。数模混合设计平台是将数模两个设计流程，从前端设计到后端实现验证有机地整合在一个统一的设计平台中，并在该平台提高复杂数模混合设计自动化程度，目前可以支持到 40 nm 设计节点。SoC 物理设计优化方案是解决在后端设计中遇到的海量数据快速修正、高复杂度、多时钟、多电压、低功耗等难点问题。FPD 设计全流程解决方案是目前业界唯一覆盖 FPD 面板设计全流程的设计平台，并在面板自动布局布线、面板验证、像素优化等业界设计难点上提供先进技术解决方案。

4.5　我国 EDA 厂商如何突围寻求发展

我国 EDA 发展应该由点突破到全产业链。

我国的 EDA 发展要有自己的特色。重要的是 EDA 工具不再只是解决逻辑电路的功能，而是要面向全产业链，细分市场机会。不要和有着几十年行业经验、技术成熟的行业三巨头 Synopsys、Cadence 和 Mentor Graphics 硬碰硬。中国的 EDA 行业还很不成熟，硬碰硬就如同鸡蛋碰石头，肯定会头破血流。相较海外 EDA 厂商，我国的 EDA 厂商更容易实现本土企业定制化的要求。对客户高匹配度的定制化支持，将会是国产 EDA 的强力武器。

随着工艺的提升和设计方法的改良，芯片的性能在近几年里得到大幅度提升。5G 时代的来临，使电路工作频率变得越来越高，容易引起电迁移效应；SoC 芯片也使设计越来越复杂；物联网的兴起，使低功耗变得日益重要；鳍式场效应晶体管（FinFET）工艺的出现，使器件机理发生了变化；线宽越来越小，在 10 nm 级制程下，良品率的高低越发突显。这些都对 EDA 工具提出了不小的挑战。正是由于这些挑战，给中国本土 EDA 厂商带来了无限的机遇。

工艺越来越复杂、分工越来越细化、工具链也越来越长。但工具的性能、性质并没有改变。虽然有很多挑战，但都被一一化解了，并没有一个全新的问题需要解决，这就意味着如果想要重新做一个工具，基本上不可能。如果想要突破，只能寻求一个点而非一个面或一条线。

我国 EDA 公司在发展过程中要注意以下三点：

一是我国 EDA 公司应当与本土顶级晶圆代工公司和芯片设计公司紧密合作，相互促进、共同成长，对于先进的工艺和技术重点攻关，实现点上的突破。

二是我国 EDA 公司一定不能拘泥于个别工具，平台化也非常重要。我国

EDA 产品要形成自己的完整解决方案，为国内外的设计公司和代工企业提供有力的支持，而不仅仅是起到点缀作用。

三是随着 SoC 芯片的发展，IP 的重要性日益凸显，提供与 IP 相关的服务与验证工具也是国内 EDA 公司应当考虑的发展方向。比如华大九天在 2012 年推出 IP 和设计服务业务，这使得华大九天通过 IP 和客户建立更紧密的合作，合作深度也日益深入，取得了更佳的成效。

发展 EDA，固然需要人才、经验、技术等各方面的配合，但资金永远是一个大问题，我国 EDA 厂商可通过并购整合的手段获得强力的资金支持。

2018 年 1 月 2 日，中国 EDA 龙头企业华大九天宣布完成亿元融资，本轮融资由深圳国中创业投资管理有限公司领投，深圳市创新投资集团、中国电子等跟投。通过此次融资，公司将进一步借助资本的力量加快成长的步伐，更好地为我国集成电路产业服务。目前我国的力量还比较有限，未来的发展计划将紧紧围绕工具开发层面展开，提高为产业提供解决方案的能力，成为产业的新生力量与国际巨头抗衡。

现在，美国 Synopsys 和 Cadence 公司都已经在中国大陆进行本土运作，中国 EDA 厂商更应该要拧成一股绳。在国家、地方基金和社会资本的支持下，摆脱体制和机制的束缚，中国 EDA 公司也许会找到属于自己的发展点。

随着芯片的集成度越来越高以及 SoC 芯片的应用不断拓宽，需要 EDA 公司有能力提供涵盖数字、模拟、混合信号、制造、软件等经过验证的综合设计流程和可靠的设计工具。中国 EDA 厂商未来主要的利润增长点将来自以提供工具为核心的定制化设计方案服务。

第 5 章　集成电路版图设计和设计方法

本 章 要 点

1. 版图的概念。
2. MOS 器件及 MOS 单元的版图实现。
3. 集成电路基本元件设计。
4. 集成电路设计的概念。
5. 集成电路的设计流程。
6. 集成电路的设计要求和设计方法。
7. 版图设计方法。

版图是根据逻辑与电路功能和性能要求以及工艺水平要求来设计光刻用的掩膜版图,实现集成电路设计的最终输出。

版图是电路图的几何表示。版图是一组相互套合的图形,各层版图相应于不同的工艺步骤,每一层版图用不同的图案来表示。版图与所采用的制备工艺紧密相关。

集成电路设计的最终输出是掩膜版图,通过制版和工艺流片可以得到所需的集成电路。版图是设计与制版之间的接口。

集成电路版图设计是利用设计软件进行的,完成的版图是一些图像或数据。然后,将设计完成的版图数据传送到制版部门(公司),通过图形发生器完成图形的缩小和重复,并且分层转移到涂有感光材料的优质玻璃板上,这个过程称为制版的初缩。在获得分层初缩版后,再通过分步重复技术,在最终的掩模版上产生具有一定行数和列数的重复图形阵列,将来在制作的每个硅圆片上就能得到成千上万个集成电路芯片。通常,一套掩模版包含十几块分层掩模版,集成电路加工过程的复杂程度和制作周期与掩模版的数量有关。

在人工设计阶段,版图的几何图形由设计人员画在方格纸上,再用涂覆了红色胶水的涤纶薄膜刻出图形,每一加工层对应一层塑料薄膜,而且各个版图层之间是精确对准的。现在使用 EDA 工具设计集成电路版图的每一层,在复合的版图图形中,各个版图层仍然必须精确对准。

由于版图与芯片的实际结构及生产过程具有直接的关系,通常又把版图设计称为物理设计。进行版图设计时要严格遵守设计规则,否则很难设计出既有一定性能,又有一定成品率的集成电路。

通过集成电路版图设计,按照版图设计的图形加工成光刻掩模,可以将立体的电路系统转变为平面图形,再经过工艺制造还原成硅片上的立体结构。因此,版图设计是连接电路系统和制造工艺的桥梁,是发展集成电路必不可少的重要环节。

5.1 MOS 场效应晶体管的版图实现

5.1.1 单个 MOS 管的版图实现

1. MOS 管的结构

MOSFET 是金属-氧化物-半导体场效应晶体管的英文缩写,简称 MOS 管。MOS 管包含源(S)、栅(G)和漏(D)3 个电极,根据源漏区的导电类型,MOS 管有 PMOS 和 NMOS 之分,即 PMOS 管的源漏区为 P 型,NMOS 的源漏区为 N 型,它们的器件符号如图 5.1 所示。这些器件符号是从 Cadence 软件的基准库中选出来的,图 5.1(a)是 P 沟道 MOSFET,图 5.1(b)是 N 沟道 MOSFET。上面一行器件符号包含在 analogLib 库中,下面一行包含在 sample 库中。可以看出,PMOS 管和 NMOS 管的器件符号基本上是相同的,而且 MOS 管的源和漏在结构上相互对称,可以互换。如果把其中一个定为源,那么另一个就是漏;或者先确定了一个为漏,另一个就是源。因此,当把 MOS 管作为开关使用时,它构成的是一个双向开关。

用来制作 MOS 管的半导体材料称为衬底,衬底的导电类型和源漏区是相反的,即 PMOS 管制作在 N 型衬底上,NMOS 管制作在 P 型衬底上。如果把衬底包括在内,MOS 管就是具有源、栅、漏和衬底的四端器件。在图 5.1 中,有的 MOS 管符号中包含了衬底电极,或者包含了表示衬底和沟道之间 PN 结的箭头,根据这个箭头的方向可以区别 MOS 管的导电类型。因为箭头方向的规定是从 P 区指向 N 区,那么 PMOS 管符号的箭头方向就是从 P 沟道指向 N 衬底;NMOS 管符号的箭头方向是从 P 衬底指向 N 沟道。除此之外,有时在 PMOS 管的栅极多画一个小圆圈,用来表示两种 MOS 管的区别。

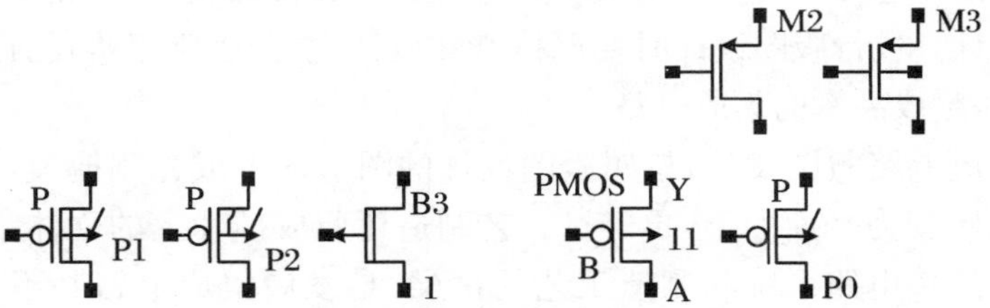

（a）P 沟道 MOSFET

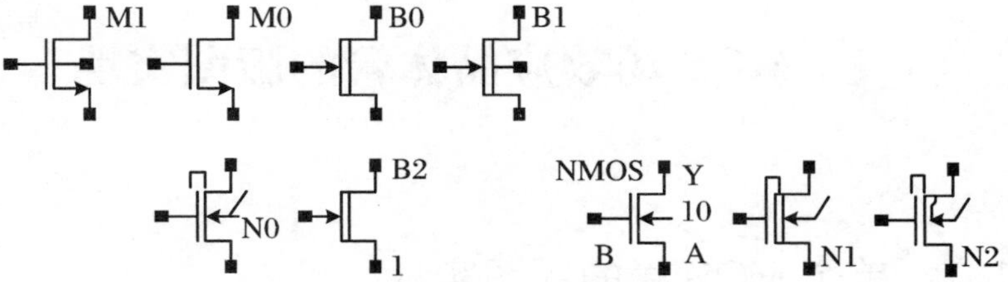

（b）N 沟道 MOSFET

图 5.1　MOS 管器件符号

　　MOS 管的源和漏是两个分开但相距很近的重掺杂区,将源和漏分隔开的区域称为沟道区,它是 MOS 管的主要工作区。在沟道区表面生长了很薄的二氧化硅绝缘层,称为栅氧化层,栅氧化层上再淀积重掺杂的多晶硅作为栅极。当栅极加控制信号使沟道区建立了导电层后,如果源漏两端有电压存在,就会在源漏之间产生电流,这时 MOS 管像开关一样被接通。按照这种工作方式画出的 NMOS 管结构如图 5.2 所示,该结构的立体图和俯视图如图 5.3(a)和 5.3(b)所示。从图 5.2 和 5.3 可以看出,NMOS 管是制作在 P 型衬底上的,两个重掺杂的 N^+ 区构成源区和漏区,重掺杂的多晶硅作为栅极,栅氧化层位于栅极和衬底之间,其厚度为 t_{ox}。多晶栅极的两边是源区和漏区,它们隔开的距离称为栅极的长度 L；与 L 垂直的源、漏区矩形的宽度 W 称为栅极的宽度(图 5.2 中 L_{drawn} 是版图设计的沟道长度,L_{eff} 是经过制造工艺后由于横向扩散形成的实际沟道长度,本书后面提到的沟道长度都是指 L_{drawn} ,并用 L 表示)；包含源区、漏区和沟道区的区域称为有源区。栅极宽度 W、栅极长度 L 和栅氧化层厚度 t_{ox} 是 MOS 管的三个重要设计参数。通常也将栅宽和栅长称为沟道宽度和沟道长度。由图 5.3(b)可以看出,有源区和多晶硅的形状决定 MOS 管的尺寸,它们是构成 MOS 管必不可少的两个层次。

　　上面已经谈到,在集成电路中将源区、沟道区和漏区合称为 MOS 管的有源区,而将有源区之外的区域定义为场区。一个集成电路的表面,要么属于有源区(Active),要么属于场区(Fox),没有第三种区域存在。有源区和场区两个部分之和就是整个芯片表面,即 Active + Fox = Surface。

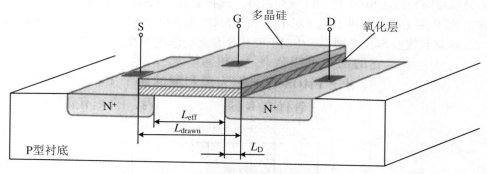

图 5.2 N 沟道 MOSFET 的结构

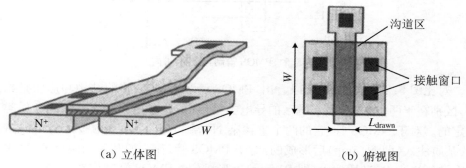

（a）立体图 （b）俯视图

图 5.3 N 沟道 MOSFET 的立体图和俯视图

换句话说,场区(Fox)可以从有源区按下式推导出来:Fox = NOT(Active)。

有源区和场区的关系还可以由图 5.4 清楚地表示出来。场区被很厚的氧化层覆盖,在场区开窗并把窗内的场氧化层去除才能变为有源区。有源区的表面也有很薄的氧化层,但场氧化层的厚度是有源区表面氧化层厚度的 10 倍左右。很厚的场氧化层能阻止离子注入和杂质扩散,有源区表面的薄氧化层则不影响杂质掺杂,这是两个区域最主要的区别。

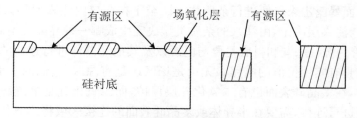

图 5.4 芯片表面包含有源区和场区两部分

CMOS 集成电路是把 PMOS 管和 NMOS 管制作在同一块硅片上形成的。一块原始的半导体衬底,掺入的杂质只有一种类型,因此这块衬底不是 P 型就是 N 型。为了在同一块硅片上制作两种器件,需要在原始衬底上形成一个区域,它的导电类型与原始衬底相反,这个区域称为阱。现在制作 CMOS 集成电路已经有了 N 阱工艺、P 阱工艺和双阱工艺。对于 N 阱 CMOS 集成电路来说,使用 P 型衬底,把 NMOS 管直接制作在 P 型衬底上,而 PMOS 管就制作在 N 阱内,如图 5.5 所示。

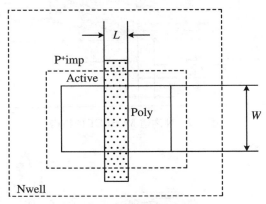

图 5.5　PMOS 管制作在 N 阱内

　　对比图 5.3 和图 5.5,可以看出,PMOS 管和 NMOS 管的结构和形状是相同的,区别在于两种 MOS 管有源区的导电类型不同,这是由掺杂时注入的杂质类型决定的。对于 NMOS 管,它的两个重掺杂 N^+ 源和漏区是对有源区(Active)进行 N^+ 杂质注入(即 N^+ imp)后形成的,对于 PMOS 管,作为源和漏的两个 P^+ 区也是对有源区进行 P^+ 杂质注入(即 P^+ imp)后形成的。PMOS 管制作在阱(Nwell)内,除了有源区、多晶硅(Poly)和杂质注入层,它还多了一层阱的图形;NMOS 管则直接制作在 P 型衬底上,它只包含有源区、多晶硅和杂质注入层。

　　既然在硅片上 PMOS 管和 NMOS 管的形状相同,为了把有源区导电类型不同这一点表示出来,就有必要把掺杂注入的杂质类型加入到结构表示中。为此,在 PMOS 管有源区的图形外增加一个 P^+ 注入图形,在 NMOS 管有源区的图形外增加一个 N^+ 注入图形,NMOS 管和 PMOS 管就能很明显地区别开来了。有源区图形层在加工工艺中的作用是在半导体表面开窗口,将窗口内很厚的场氧化层去除,让半导体表面暴露出来以便进行杂质注入。至于在窗口内注入何种杂质则由 N^+ 注入层或 P^+ 注入层决定,由注入的杂质类型决定生成哪一种导电类型的 MOS 管。

　　MOS 管的源、栅、漏和衬底是要与电源以及其他元器件进行连接的,这样才能通电并组成具有实用价值的电路。无论是场区还是有源区,它们的表面都有二氧化硅层存在,在多晶硅表面也有二氧化硅层保护,而二氧化硅是电绝缘的,为了能与金属导线进行连接,需要在半导体或多晶硅表面的连接区域将二氧化硅层去掉,打开一个个窗口,形成称为接触孔的连接区域,于是又增加了接触孔这一层。开了接触孔的 MOS 管相当于形成了可以用来连接的电极,被连接的两端就可以采用金属或其他材料进行连接,并且把金属等连接材料刻制成和印刷电路版上相似的线条。如果需要连接的接点和器件很多,用一层金属不能满足要求,还可以用几层金属导线进行连接。这样在 MOS 管构成的集成电路中又增加了一至数层金属及其图形。在各个金属层之间的连接则要采用通孔来实现,因此通孔也成为了一个版图层次。

2. MOS 管的版图层次

按照上述的 MOS 管结构,构成 MOS 管的版图层次已经非常清晰:要有一个包含源、栅、漏的有源区;用多晶硅制作栅极;为了决定 MOS 管的导电类型,需要对有源区进行 P$^+$ 或 N$^+$ 杂质掺杂;对于和衬底导电类型相同的器件,应该制作在阱内;对源、栅、漏开接触孔,便于与金属导线进行连接;制作金属连线;各个金属层之间用通孔连接等。

但这样画出的 PMOS 管和 NMOS 管还不完善,因为只考虑了源、栅、漏的结构和连接,衬底这一端还是悬空的,没有和任何电极或电源进行连接。无论是 PMOS 管还是 NMOS 管,它们的衬底都必须连接合适的电位,确保源漏区和衬底构成的 PN 结处于反向偏置,MOS 管才能正常工作。因此,必须把 PMOS 管的源及其 N 型衬底接到电源的最高电位,把 NMOS 管的源及其 P 型衬底接到电源的最低电位,而 CMOS 电路一般是单电源工作,所以要把 PMOS 管的源及其衬底连接到电源 V_{DD},而 NMOS 管的源及其衬底要连接到 V_{ss} 或 GND。由于衬底是低掺杂,为了形成衬底和金属的欧姆接触,在衬底的连接区域要进行重掺杂,而且重掺杂的类型和衬底的导电类型相同,这一点有时很容易出错。

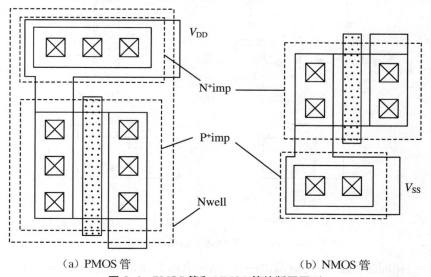

（a）PMOS 管　　　　　　　　　　　　（b）NMOS 管

图 5.6　PMOS 管和 NMOS 管的版图图形

图 5.6 是 PMOS 管和 NMOS 管完整的版图图形。可以看出,这种版图包含了组成 MOS 管的两个必要部分:一是由源、栅、漏组成的器件,二是衬底连接。

5.1.2　MOS 管阵列的版图实现

上一节介绍了单个 MOS 管的结构和版图实现方法,实际电路大多是由很多 MOS 管组成的,但是即使是再复杂的电路,MOS 管的连接也可以归纳为串联、并联和串并联等方式,下面将介绍 MOS 管各种连接的版图画法。

1. MOS 管串联

先介绍两个 MOS 管的串联。由图 5.7 可以看出,N_1 的源、漏区为 X 和 Y,N_0 的源、漏区为 Y 和 Z。由于 N_0 和 N_1 串联,Y 是它们的公共区域,如果把公共区域合并在一起,就可得到图 5.7(d)所示的图形,这就是两个 MOS 管串联的版图。

由电流的方向可以决定 MOS 管串联时的源/漏电极。设 N_0 和 N_1 为 NMOS 管,且电流从 X 向 Z 流动。由于 NMOS 管的电子流从 S 流向 D,电子流的方向和电流方向相反,因此可以确定 X 为 N_1 的漏区,Y 为 N_1 的源区;对于 N_0 而言,Y 是它的漏区,Z 是源区。所以,N_1 和 N_0 的电极是按 D－S－D－S 方式连接的,Y 区既是 N_1 的源,也是 N_0 的漏。如果电流方向从 Z 流向 X,也可以确定公共的 Y 区既是 N_0 的源,也是 N_1 的漏。总之,当 MOS 管串联时,它们的电极是按 S－D－S－D－S－D 方式连接的。

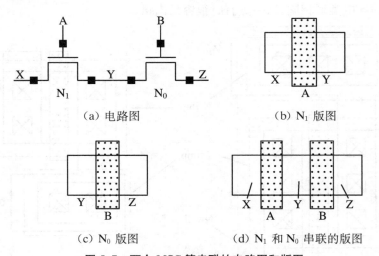

（a）电路图　　　　　　　　　　（b）N_1 版图

（c）N_0 版图　　　（d）N_1 和 N_0 串联的版图

图 5.7　两个 MOS 管串联的电路图和版图

按照相同的方法,就可以画出任意一个 MOS 管串联的版图。例如,3 个 MOS 管串联的版图如图 5.8 所示。

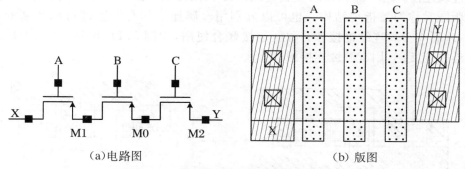

（a）电路图 （b）版图

图 5.8 3 个 MOS 管串联的电路图和版图

2. MOS 管并联

MOS 管的并联是指把它们的源和源连接,漏和漏连接,各自的栅还是独立的。

两个 MOS 管并联于节点 X 和 Y 之间的电路图和版图如图 5.9 所示。如果 MOS 管的栅极水平放置,节点 X 和 Y 可用金属连线进行连接实现并联,如图 5.9(b) 所示;也可用有源区进行连接,如图 5.9(c)所示。

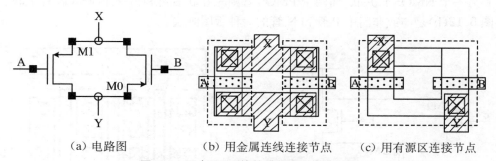

（a）电路图 （b）用金属连线连接节点 （c）用有源区连接节点

图 5.9 两个 MOS 管并联的电路图和版图

如果栅极采用竖直方向排列,可以画出两个 MOS 管并联的另一种版图结构, 节点的连接既可用金属连线连接,也可用有源区进行连接,如图 5.10 所示。

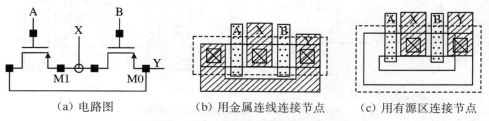

（a）电路图 （b）用金属连线连接节点 （c）用有源区连接节点

图 5.10 两个 MOS 管并联的另一种方案

对于 3 个或 3 个以上 MOS 管的并联,可以全部用金属连线进行源的连接和漏 的连接,图 5.11(a)为 4 个 MOS 管并联的画法,图中源区和漏区的并联全部用金属连线连接。这时源和漏的金属连线的形状很像交叉放置的手指,因此这种并联版图常称为叉指型结构。也可以分别用金属连线和有源区进行源和漏的并联,或者将金属连线连接和有源区连接联合使用,如图 5.11(b)所示,图中用金属连线连接漏,用有源区连接源。

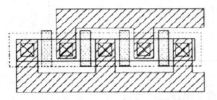

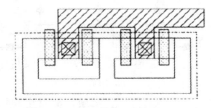

（a）源和漏的并联用金属连线连接（叉指型）　　（b）分别用有源区和金属连线进行并联

图 5.11　4 个 MOS 管并联的画法

3. MOS 管复联

复联比串联和并联更加复杂,包括先串联后并联和先并联后串联。图 5.12 (a)是一个 MOS 管复联的电路,即一个与或非门。图中两个 NMOS 管先串联后再和另一个 NMOS 管并联,而两个 PMOS 管则先并联后再和另一个 PMOS 管串联。图 5.12(b)是与或非门中 P 管和 N 管的一种版图画法。

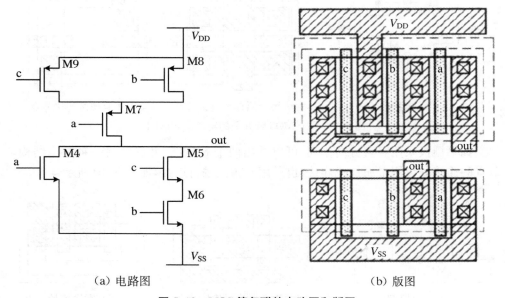

（a）电路图　　　　　　　　　　　（b）版图

图 5.12　MOS 管复联的电路图和版图

5.2　模拟集成电路中的基本元件设计

电阻、电容和晶体管是模拟集成电路的主要基本单元,MOS 晶体管在前面已作了介绍,这里将主要讨论电阻和电容的设计。我们还将考虑一些分布参数对元件性能的影响。

5.2.1　电阻

电阻是基本的无源元件,在集成工艺技术中有多种设计与制造电阻的方法,根据阻值和精度的需要可以选择不同的电阻结构和形状。

1. 掺杂半导体电阻

(1) 扩散电阻

所谓扩散电阻是指采用热扩散掺杂的方式构造而成的电阻。这是最常用的电阻之一,工艺简单且兼容性好,缺点是精度稍低。

制造扩散电阻的掺杂可以是工艺中的任何热扩散掺杂过程,可以是掺 N 型杂质,也可以是掺 P 型杂质,还可以是结构性的扩散电阻,如在两层掺杂区之间的中间掺杂层,典型的结构是 N‐P‐N 结构中的 P 型区,这种电阻又称为沟道电阻。当然,应该选择易于控制浓度误差的杂质层作为电阻,以保证扩散电阻的精度。图5.13是一个扩散电阻的结构示意图。

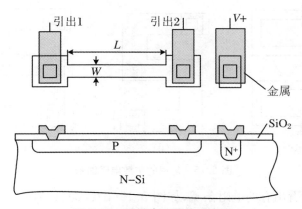

图 5.13　扩散电阻结构示意图

(2) 离子注入电阻

同样是掺杂工艺,由于离子注入工艺可以精确地控制掺杂浓度和注入深度,并且横向扩散小,因此采用离子注入方式形成的电阻的阻值容易控制,精度较高。离子注入的电阻结构如图 5.14 所示。

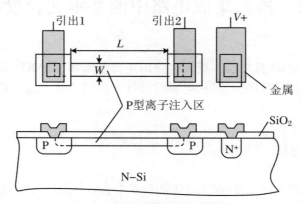

图 5.14　离子注入形成的电阻结构

(3) 掺杂半导体电阻的几何图形设计

电阻的几何图形设计包括两个主要方面:几何形状设计和尺寸设计。

① 形状设计与考虑

图 5.13 和图 5.14 给出的只是一个简单的电阻图形,实际的电阻图形形式是多种多样的,图 5.15 给出了一些常用的扩散电阻的版图形式。

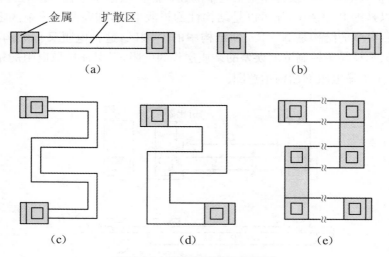

图 5.15　常用的扩散电阻图形

从图中可以看出有的电阻条宽,如图 5.15(b)、(d)、(e)所示,有的电阻条窄,如图 5.15(a)、(b)所示,有的是直条形的电阻,如图 5.15(a)、(b)所示,有的是折弯形的电阻,如图 5.15(c)、(d)、(e)所示,有的是连续的扩散图形,如图 5.15(a)、(b)、(c)、(d)所示,有的是用若干直条电阻由金属条串联而成,如图 5.15(e)所示。

那么,在设计中要根据什么来选择电阻的形状呢? 一个基本的依据是:一般电阻采用窄条结构,精度要求高的采用宽条结构,小电阻采用直条形,大电阻采用折弯形。

在电阻的制作过程中,由于加工引起的误差,如扩散过程中的横向扩散、制版和光刻过程中的图形宽度误差等,都会使电阻的实际尺寸偏离设计尺寸,导致电阻值产生误差。电阻条的宽度 W 越宽,相对误差 $\Delta K'_N$ 越小,反之则越大。与宽度相比,长度的相对误差则可忽略。因此,对于有精度要求的电阻,要选择合适的宽度。

由于在光刻工艺加工过程中,过于细长的条状图形容易引起变形,同时考虑到版图布局等因素,对于高阻值的电阻通常采用折弯形的几何图形结构。

② 电阻图形尺寸的计算

根据具体电路中对电阻大小的要求,可以非常方便地进行设计,所需的参数是工艺提供的各掺杂区的方块电阻值,一旦选中了掺杂区的类型,可以依据下式计算:

$$R = R_\square \cdot \frac{L}{W} \tag{5.1}$$

式中,$R_\square$ 是掺杂半导体薄层的方块电阻,L 是电阻条的长度,W 是电阻条的宽度,$\frac{L}{W}$ 是电阻所对应的图形的方块数。因此,只要知道掺杂区的方块电阻,然后根据所需电阻的大小计算出需要多少方块,再根据精度要求确定电阻条的宽度,就能够得到电阻条的长度。

这样的计算实际上是很粗糙的,因为在计算中并没有考虑电阻的形状对实际电阻值的影响,在实际的设计中将根据具体的图形形状对计算加以修正,通常的修正包括端头修正和拐角修正。

③ 端头修正和拐角修正

因为电子总是从电阻最小的地方流动,因此,从引线孔流入的电流,绝大部分是从引线孔正对着电阻条的一边流入的,从引线孔侧面和背面流入的电流极少,因此,在计算端头处的电阻值时需要引入一些修正,称为端头修正。端头修正常采用经验数据,以端头修正因子 k_1 表示整个端头对总电阻方块数的贡献。如 $k_1 = 0.5$,表示整个端头对总电阻的贡献相当于 0.5 方。图 5.16 给出了不同电阻条宽度和端头形状的修正因子经验数据,图中的虚线是端头的内边界,它的尺寸通常为几何设计规则中扩散区对孔的覆盖数值。对于大电阻 $L \gg W$ 情况,端头对电阻的贡献可以忽略不计。

对于折弯形的电阻,通常每一直条的宽度都是相同的,在拐角处是一个正方形,但这个正方形不能作为一个电阻方块来计算,这是因为在拐角处的电流密度是不均匀的,靠近内角处的电流密度大,靠近外角处的电流密度小。经验数据表明,拐角对电阻的贡献只有 0.5 方,即拐角修正因子 $k_2 = 0.5$。

当采用图 5.15(e)所示结构时,由于不存在拐角且电阻条比较宽,所以这种结构的电阻精度比较高。但缺点是这种电阻占用的面积比较大,会产生比较大的分布参数。

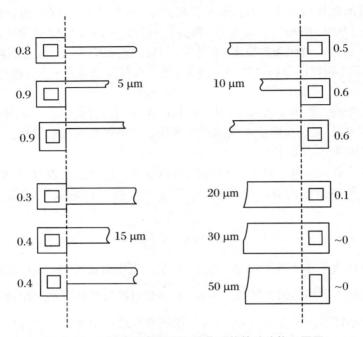

图 5.16   不同电阻条宽度和端头形状的端头修正因子

④ 衬底电位与分布电容

制作电阻的衬底是和电阻材料掺杂类型相反的半导体,即如果电阻是 P 型半导体,衬底就是 N 型半导体,反之亦然。这样,电阻区和衬底就构成了一个 PN 结,为防止这个 PN 结导通,衬底必须接一定的电位。不论是电阻的哪个端头还是处于何种工作条件,都要保证 PN 结不能处于正偏状态。通常将 P 型衬底接电路中的最低电位,N 型衬底接最高电位,这样,最坏的工作情况是电阻只有一端处于零偏置,其余点都处于反偏置。

也正是因为这个 PN 结的存在,又导致了掺杂半导体电阻的另一个寄生效应:寄生电容。任何 PN 结都存在结电容,电阻的衬底又通常都是处于交流零电位,使得电阻对交流地存在旁路电容。如果将电阻的一端接地,并假设寄生电容沿电阻均匀分布,则电阻幅模的 − 3 dB 带宽近似地为

$$f \approx \frac{1}{3RC} = \frac{1}{3R_\square C_0 L^2} \tag{5.2}$$

式中,$R_\square$ 是电阻区的掺杂层方块电阻,C_0 是单位面积电容,L 是电阻的长度。

2. 薄膜电阻

除了利用掺杂区构造电阻外,还可以利用多种薄膜材料制作电阻。主要的薄

膜电阻有多晶硅薄膜电阻和合金薄膜电阻。

（1）多晶硅薄膜电阻

多晶硅薄膜也是一种很好的电阻材料，由于它生长在二氧化硅层之上，因此不存在对衬底的漏电问题，当然也不必考虑它的端头电位问题，因为它不存在对衬底的导通。它仍然存在寄生电容，但其性质与 PN 结电容不同。如果将它制作在场氧化层之上，则可大大降低分布电容。

多晶硅薄膜电阻的几何图形设计与电阻值的计算与上面介绍的掺杂电阻相同，只不过它的 $R_\square$ 是多晶硅薄膜的方块电阻。

（2）合金薄膜电阻

合金薄膜电阻是采用一些合金材料沉积在二氧化硅表面，通过光刻形成电阻条。

常用的合金材料有：Ta，方块电阻：$10 \sim 10000\ \Omega/\square$；Ni-Cr，方块电阻：$40 \sim 400\ \Omega/\square$；$SnO_2$，方块电阻：$80 \sim 4000\ \Omega/\square$；CrSiO，方块电阻：$30 \sim 2500\ \Omega/\square$。

合金薄膜电阻通过修正可以使其绝对值公差达到 $0.01\% \sim 1\%$ 的精度。主要的修正方法有氧化、退火和激光修正。

3. 有源电阻

所谓有源电阻是指采用晶体管进行适当的连接并使其工作在一定的状态，利用它的直流和交流导通电阻作为电路中的电阻元件使用。双极型晶体管和 MOS 晶体管均可担当有源电阻，本章将只讨论 MOS 器件作为有源电阻的情况，双极型器件作为有源电阻的原理与之类似。

结合 MOS 晶体管的平方律转移曲线，将 MOS 晶体管的栅和漏短接，使导通的 MOS 晶体管始终工作在饱和区。有多种有源电阻的结构，图 5.17 只给出了增强型 NMOS 和 PMOS 有源电阻的器件接法和电流-电压特性曲线。

在这种应用中应将 NMOS 的源接较低的电位，NMOS 管的电流从漏端流入，从源端流出；将 PMOS 的漏接较低的电位，电流从源端流入，从漏端流出。

从每个 MOS 晶体管我们可以得到两种电阻：直流电阻和交流电阻。

NMOS 的直流电阻所对应的工作电流是 I，源漏电压是 V，直流电阻为

$$R_{\text{on}}\mid_{V_{\text{GS}} = V} = \frac{2t_{\text{OX}}}{\mu_{\text{n}}\varepsilon_{\text{OX}}}\frac{L}{W}\frac{V}{(V - V_{\text{TN}})^2} \tag{5.3}$$

而交流电阻是曲线在工作点 O 处的切线。因为 $V_{\text{DS}} = V_{\text{GS}}$，所以可得：

$$R_{\text{DS}} = \frac{\partial V_{\text{DS}}}{\partial I_{\text{DS}}}\bigg|_{V_{\text{GS}} = V} = \frac{\partial V_{\text{GS}}}{\partial I_{\text{DS}}}\bigg|_{V_{\text{GS}} = V} = \frac{1}{g_{\text{m}}} = \frac{t_{\text{OX}}}{\mu_{\text{n}}\varepsilon_{\text{OX}}} \cdot \frac{L}{W} \cdot \frac{1}{(V - V_{\text{TN}})} \tag{5.4}$$

即交流电阻等于工作点为 V 的饱和区跨导的倒数。显然，这个电阻是一个非线性电阻，但因为一般交流信号的幅度较小，因此，这个有源电阻在模拟集成电路中的误差并不大。

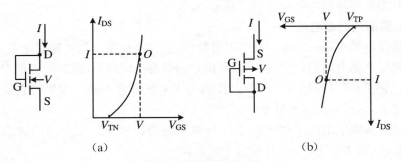

图 5.17　MOS 有源电阻及其 I-V 曲线

对于 PMOS 有源电阻,也有类似的结果。

从上述分析和曲线可以看出,饱和接法的 MOS 器件的直流电阻在一定范围内比交流电阻大。在许多电路设计中正是利用了这样结构的有源电阻所具有的

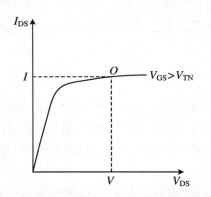

图 5.18　饱和区的 NMOS 有源电阻示意图

交、直流电阻不一样的特性,来实现电路的需要。利用 MOS 器件的工作区域和特点,我们也能够得到具有直流电阻小于交流电阻的特性。由图 5.18 所示的 MOS 晶体管伏-安特性可知,工作在 O 点的 NMOS 晶体管具有直流电阻小于交流电阻的特点。

对于理想情况,O 点的交流电阻应为无穷大,实际上因为沟道长度调制效应,交流电阻为一个有限值,但远大于其直流电阻。这样,我们得到了两种有用的有源电阻。通过对 MOS 器件进行适当的连接和偏置,可以获得所需的有源电阻。有源电阻在模拟集成电路中得到广泛应用,后面将介绍这些电阻在电路设计中的应用。

5.2.2　电容

在模拟集成电路中,电容也是一个重要的元件。在双极型模拟集成电路中,集成电容器运用较少。在 MOS 集成电路中,由于工艺上制造集成电容相对比较容易,并且容易与 MOS 器件相匹配,故集成电容运用较多。在 MOS 模拟集成电路中的电容大多采用 MOS 结构或其相似的结构。

1. 以 N⁺ 硅作为下极板的 MOS 电容器

在 MOS 模拟集成电路中广泛使用的 MOS 电容器结构是：以金属或重掺杂的多晶硅作为电容的上极板，二氧化硅为介质，重掺杂扩散区为下极板。以金属作为上极板的 MOS 电容器结构如图 5.19 所示。

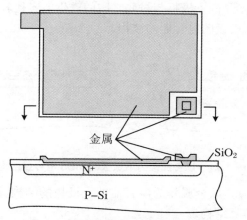

图 5.19　金属上极板 MOS 电容器结构

图 5.20 是以多晶硅作为电容上极板的结构。这两种结构的 MOS 电容器都是以重掺杂的 N 型硅作为下极板，与电阻的衬底情况相似，这里的 P 型硅衬底也必须接一定的电位，以保证 N⁺ 和 P 衬底构成的 PN 结保持反偏。

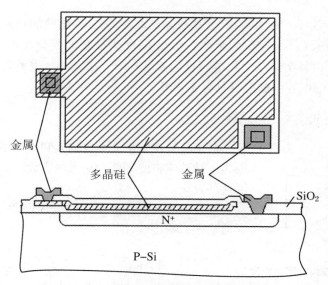

图 5.20　多晶硅上极板 MOS 电容器结构

当这个 PN 结处于反偏后,MOS 电容器可被认为是无极性电容器。但是应该看到这种电容器仍然存在 PN 结寄生电容。

2. 以多晶硅作为下极板的 MOS 电容器

以多晶硅作为电容器下极板所构造的 MOS 电容器是无极性电容器。这种电容器通常位于场区,多晶硅下极板与衬底之间的寄生电容比较小。图 5.21 给出了两种以多晶硅作为下极板的电容器的结构。

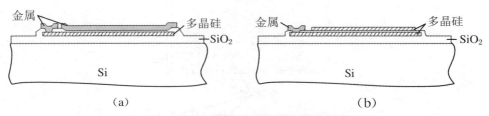

图 5.21　以多晶硅为下极板的 MOS 电容器结构

其中,图 5.21(a)是以金属作为电容器的上极板的结构,图 5.21(b)是以多晶硅作为上极板的电容器结构。

以上介绍的四种 MOS 电容器的电容量的大小除了和电容器的面积有关外,还直接与单位面积的电容即两个极板之间的氧化层的厚度有关。可以用下式计算:

$$\frac{\varepsilon_0 \varepsilon_{SiO_2}}{t_{OX}} \tag{5.5}$$

真空电容率 $\varepsilon_0 = 8.85 \times 10^{-14}$ F·cm^{-1},ε_{SiO_2} 是二氧化硅的相对介电常数,约等于 3.9,两者乘积为 3.45×10^{-13} F·cm^{-1},如果极板间氧化层的厚度为 80 nm(0.08 μm),可以算出单位面积电容量为 4.3×10^{-4} pF/μm^2,也就是说,一个 1 万平方微米面积的电容器的电容只有 4.3 pF。

3. 电容的放大——密勒效应

对于跨接在一个放大器输入和输出端之间的电容,因为密勒效应将使等效的输入电容放大。图 5.22 说明了这种效应。

假设电容 C_0 跨接在具有电压增益 A_V 的倒相放大器输入和输出端,则

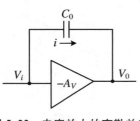

图 5.22　电容放大的密勒效应

$$i = \frac{V_i - V_0}{1/jwC_0} = \frac{V_i - (-A_V \cdot V_i)}{1/jwC_0}$$

$$= V_i \cdot jwC_0(1 + A_V) \tag{5.6}$$

等效的输入阻抗就等于：

$$\frac{V_i}{i} = \frac{1}{jw(1 + A_V)C_0} \tag{5.7}$$

也就是说，等效的输入电容被放大了 $1 + A_V$ 倍。

在实际的电路设计中常利用这种效应来减小版图上的电容尺寸。

5.3　集成电路设计探究

集成电路设计包括逻辑(或功能)设计、电路设计、版图设计和工艺设计。

5.3.1　设计途径和流程

通常有两种设计途径：正向设计和反向设计。

1. 正向设计

正向设计通常用来实现一个新的设计。它从系统设计开始，从电路指标和功能出发，进行逻辑设计(子系统设计)，再由逻辑图进行电路设计，最后由电路进行版图设计，同时还要进行工艺设计。

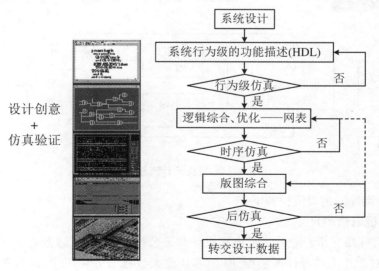

图 5.23　正向设计流程框架

正向设计的主要流程如下：

(1) 根据功能要求进行系统设计(画出框图)。

（2）分成子系统（功能块）进行逻辑设计。

（3）由逻辑图或功能块的功能要求进行电路设计。

（4）由电路图设计版图，根据电路及现有工艺条件，经模拟验证再绘制总图。

（5）工艺设计，如选择原材料，设计工艺参数、工艺方案，确定工艺条件和工艺流程。如已有成熟的工艺，就根据电路的性能要求选择合适的工艺加以修改、补充或组合。

2. 反向设计

反向设计又称解剖分析，它通常是采用 IC 解剖分析系统解剖芯片，即去除封装，露出管芯，利用显微照相或高精度图像系统摄取管芯表面拓扑图，得到该 IC 产品的版图设计信息，然后从得到的版图上提取逻辑关系和电路结构，分析其工作原理及功能，获得原始的设计思想，再结合具体的工艺条件，转而进行正向设计，最后完成新产品的版图设计。

反向设计的作用如下：

（1）仿制（在原产品的基础上综合各家优点，推出更先进的产品）。

（2）可获取先进的集成电路设计和制造的秘密（包括设计思想、版图设计技术、制造工艺等）。

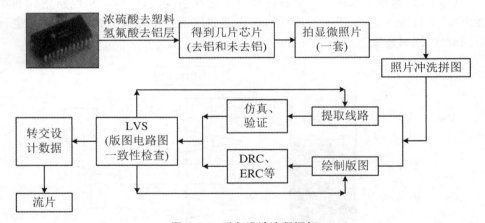

图 5.24　反向设计流程框架

反向设计的主要流程如下：

（1）提取横向尺寸

① 将样品交给专业的集成电路设计服务公司，由他们来解剖并分析样品。打开封装，对芯片上的设计图形拍照（把芯片放大数百倍分块照相，提取集成电路的复合版图）。

② 拼图（把照片拼成整个产品完整的复合版图）。

③ 从产品的复合版图提取电路图、器件尺寸和设计规则。

④ 进行电路模拟,验证所提取的电路是否正确。

⑤ 若模拟正确,即可开始画版图。

(2) 提取纵向尺寸

用扫描电镜、扩展电阻仪等提取氧化层厚度、金属膜厚度、多晶硅厚度、结深、基区宽度等纵向尺寸和纵向杂质分布。

从上述内容可见,由产品提取电路图和逻辑图后,之后的过程在正、反向设计中是一样的,都是进行版图设计。

5.3.2　正/反向设计

近几年来,微电子产业在国际和国内都发展得比较迅猛,国内从中央到一些发达省市都把微电子产业放到了高科技重中之重的位置。但到目前为止,国内这个产业的增长主要在芯片的加工生产上,且集中在那些从国外引进加工技术的合资公司里,由国内自行开发的有自主版权的芯片基本上还是空白。这说明我国的微电子产业还是处在一个外加工的状况,相对于国家巨大的投入,现状却无法令人满意。

反向设计是集成电路设计方法的一个专有名词。集成电路的设计最终要落实到代表电路结构的几何图形(这些图形的交迭构成集成电路的基本单元——主要是晶体管)。通过将图形转化为各加工工序所需的掩膜,加工厂家即可根据掩膜大规模地批量生产芯片。反向设计是通过拍摄和放大已有芯片照片得到版图的几何图形。由于原有芯片的图形尺寸极小且是多层重叠的,反向设计的工作量很大,而且出错率也高。以一千门的不规则版图为例,反向分析就需要一个工程师几乎一年的时间。随着电路规模的增大,这种反向分析的效率成倍下降,错误概率成指数上升。一个几万门电路的反向设计几乎是不可能的,而几十万门的电路就完全不可能了。

集成电路的正规设计方法是正向设计,即根据产品确定的指标和要求,从电路原理或系统原理出发,通过查阅相关规定和标准,利用已有的知识和能力来设计模块和电路,最后得到集成电路物理实现所需的几何图形。正向设计产品的性能可以通过仿真进行验证和预测。更为重要的是,正向设计的思维是积极主动的,知识是可以积累的,性能可以不断提高,产品可以不断更新换代,而反向设计即使百分之百正确,也只是对一个已经定型的产品进行模仿,在辛苦进行反向设计时别人的第二代、第三代产品又已经生产出来了,那么反向设计出来的东西又有何竞争力呢?

随着 VLSI 设计技术的发展,EDA 工具已经使得设计工程师用 HDL 语言进行电路设计。HDL 语言可以在 RTL 级(目前的设计主要是在此级),也可以在更为高级的功能描述级。这种设计方法使得设计者不必去关心门级和元器件的细节,更不必关心几何图形(版图)的转换。这就意味着正向设计可以把大部分工作放在系统级和功能模块上。正向设计的先进性和高效率是显而易见的。有经验的设计者一年就可以完成几十万门到上百万门的设计。

尽管各集成电路加工厂的工艺不尽相同,但其对用户的支持及用户界面却是一致的,这使 VLSI 设计得以标准化。正向设计的文件通过 EDA 工具的所有检查,如果功能正确,无论在哪个工厂加工,都可以成功。而反向设计做不到这一点。由于各工厂的工艺差别,同样的掩膜在不同工厂加工的芯片性能是不能保持一致的,特别是含有模拟模块或小信号放大的集成电路,以及低电压集成电路。

由于我国集成电路设计技术落后,刚开始时很多公司都进行过反向设计,其理由有以下几点:

(1) 先从反向设计起步积累经验,再转向正向设计。

(2) 正向设计做不了,反向设计还有可能会成功。

(3) 反向设计可以借鉴别人的成功经验。

对于第一种观点,首先从设计方法本身来说,正向设计是从系统出发,以 HDL 语言为主,而反向设计则是着眼于得到的几何图形参数,显然做不到把底层的几何结构与高层的 HDL 语句相对应。因此反向设计所积累的经验,对于从系统级着手的正向设计来说是没什么用处的。我们只要看一看很多单位已做了几十年的反向设计,但至今依然离不开反向设计,就知道从反向设计转向正向设计是何等困难。

对于第二种观点,我们认为,反向设计不可能有任何成功。所谓"成功"的一些例子不外乎三类:

第一类是简单的反向设计,规模介于几十门到几百门之间。这种电路规模太小,在 EDA 工具出现前,我国就有手工刻红膜正向设计几百门的能力。在当今集成电路已发展到超大规模的时代,这种电路显然不值一提。

第二类是较复杂的反向设计,如 CPU、DSP。但据了解,大多数都是毫无结果(这里指标准化、产业化的 IP 核和芯片)的,更不用说产业化。这种情况其实也是可以预料的。对于复杂的系统,反向设计不可能预见芯片的全貌,即使版图翻版得完全一样,还会受到芯片结构的纵向因素、生产的工艺因素,以及原设计的局限和瓶颈等的影响。

第三类是反向设计与正向设计的结合。即设计前通过查阅相关产品的资料和使用说明,对一个芯片的功能、外部信号及其应用有一个比较透彻的了解,再通过对该芯片进行解剖分析,理解整个芯片电路(当然复杂程度不能太高),最后用 EDA 工具进行仿真、设计。我们认为这样的成功并不是对反向设计的肯定。现在国内已有很多单位采用这种方法设计出了集成电器卡(IC 卡)芯片。但其成功的原因并不在于其反向设计的工作,而在于其正向设计的相关工作。IC 卡芯片相对比较简单,如果完全正向设计也很容易,而且会更快、更好,还可以不断更新换代。

现在的情况是,当这些单位还在费尽心思解剖芯片时,别人的新产品如智能 IC 卡芯片已经生产出来了,他们永远都落在别人后面。如果把他们投入的人力、财力和时间与最后产品的竞争力结合起来考虑,就不能算得上是成功了。

关于第三种反向设计借鉴的观点,要说明的是,正向设计并不排斥借鉴和交流,而是要进行积极有效的借鉴和交流。比如,可以通过书籍、会议、上网、查找专利、查找协议等各种途径获取最新资料。亦可从市场反馈、用户反馈等各种途径获取信息,并可以及时更新自己的设计。而正向设计中的 IP 调用就是一种积极主动的借鉴和交流手段。人才的引进和合理流动也是有效的手段,而反向设计的借鉴是最低级的借鉴,至多是勉强的形似,根本不可能达到神似。

事实上,反向设计已不仅是一个设计方法的问题,而且是影响到我国微电子产业战略决策和发展的重大问题。对青年人来说,学习正向设计要比学习反向设计容易,且更有趣、更有发展。反向设计实际上扼杀了创新的欲望和思维,埋没了很多人才。

如果我们继续进行反向设计,那么只会落在发达国家的身后。但在微电子领域,反向设计还是有市场的。为了使中国的微电子产业健康发展,必须严格限制反向设计,国家有关部门应当旗帜鲜明地对反向设计说不,同时大力提倡正向设计,并采取得力的措施。比如重大工程项目禁止采用反向设计,科技成果评审严禁反向设计参加,高校培养研究生计划中取消反向设计的课题,等等。只有这样,中国微电子产业的发展才能与国际接轨,才能有腾飞之日。希望我们能够站在科技领域的前沿,用正向设计推动中国微电子产业的发展。

5.3.3　集成电路设计要求

一个好的、有效的集成电路设计成果是一种创造性劳动的结晶,它应该满足以下要求:

(1) 功能正确,在第一次投片流水后就能达到设计要求。

(2) 电学性能经过优化,特别是在速度和功耗方面达到原定指标。

(3) 芯片面积尽可能小,以降低制造成本。

(4) 设计的可靠性,在工艺制造允许的容差范围内仍能正确工作。

(5) 在制造过程中和完成后,能全面、快速地进行测试。

由于集成电路具有高度复杂性,这给设计工作带来了以下问题:

(1) 设计的时效性。对于有上百万个晶体管的集成电路来说,不能一个一个地设计晶体管,否则会使设计时间过长。设计时间的增长不仅会明显增加芯片成本,还会延迟产品的推出,这对专用集成电路(ASIC)来说就更为突出。为此,必须找到一种较好的设计方法和工具来处理设计的复杂性。

(2) 设计的无误性。设计的正确无误对于集成电路来说十分关键,因为版图上一个微小的错误会使整个芯片无法工作。即使对于只有 5000 门的电路,其版图大约包含 10 万个线条和图形。对于规模更大的电路,其线条和图形的数量也会更多。而错误很有可能潜伏在设计的各个阶段中且难以发现,设计者不要轻易地说设计已完全正确无误,而要反复小心地验证每一个细节。

(3) 设计的可测试性。集成电路是整体集成的,不可能像测面包板(Bread-Board)上每个元件那样测试集成电路中的某一部分。即使可能,也要因增加测试块而设计特殊的芯片,这会增加成本。因此在设计时就要考虑如何对芯片进行测试。

(4) 与制造商之间的接口。在设计者和制造商之间要有一明确定义的数据交换格式以交换设计信息。

5.3.4 集成电路层次化设计方法

采用层次化的设计方法有助于解决设计中的上述问题。层次化是把整个设计分解为若干层次,在完成前一层次的设计任务后再进行下一层次的工作。对于复杂的数字集成电路,可以设定以下几个层次:

(1) 系统设计:对整个设计的详细描述,包括确定功能和性能要求、允许的芯片面积和制造成本。

(2) 功能设计:包括算法的确定和功能框图的设计。

(3) 寄存器设计:把功能块划分为寄存器级模块,对于规模较小的电路,功能级设计可直接从寄存器级模块开始。

(4) 逻辑设计:利用各种门和单元进行逻辑设计。

(5) 电路设计:对每一单元进行电路设计。

(6) 版图设计:将电路图转换成硅片上的几何图形。

5.4 版图设计方法探究

5.4.1 版图设计方法

1. 全定制设计法

全定制设计法(Full-Custom Design Approach)适用于电路性能要求较高,或生产量较大的电路,以期得到最高速度、最低功耗和最节省面积的芯片设计。这种方法主要以人工设计为主,计算机作为绘图与规则验证工具起辅助作用。对于版图的每一部分,设计者都要进行反复比较、权衡、调整、修改。元器件要有最佳尺寸,拓扑结构要有最合理的布局,连线要寻找最短路径……精益求精,不断完善,以期把每个器件和连线都安排得最紧凑、最适当,在获得最佳芯片性能的同时,也因芯片面积最小而大大降低生产成本,以低价占领市场。

目前,产量大的通用集成电路从成本与性能考虑采用全定制设计。其他设计方法中最底层的单元器件,如标准单元法中的库单元、门阵列法中的宏单元,因其性能和面积的要求也采用全定制设计。模拟集成电路因其复杂而无规则的电路形式,在技术上只适宜采用全定制设计法。

通常 ASIC 的设计很少用全定制设计,因其设计周期长、成本高。但是简单、规模较小而又有一定批量的专用电路,在设计者力所能及的情况下,也可采用全定制设计。

对于大规模、超大规模集成电路的设计,全定制设计法显然不合适,但对于具有较多重复性结构的电路,仍然可以使用。其中重复的单元可以进行精心的人工设计,然后利用计算机图形软件中的复制功能,绘制出整个电路的版图。

全定制设计法要求 EDA 系统不仅具有人机交互图形编辑系统支持,也要有完整的检查和验证功能,包括设计规则检查(Design Rule Check,DRC)、电学规则检查(Electrical Rule Check,ERC)、版图与电路图一致性检查(Layout Versus Schematic,LVS)等。

2. 半定制设计法

半定制设计法(Semi-custom Design Approach)数字电路主要由晶体管和互连线两部分组成。在不同电路的版图中,晶体管的构造基本上都是相同的,差别在于所包含的晶体管数量不同以及晶体管的连接方式不同。如果先将一定数量的晶体管制作好,形成可称为"母片"或"基片"的半成品,只要进行连线就可以制作不同的具体电路。由于半成品母片是事先做好并批量生产的,因而能大大加快专用电路的设计速度,降低设计和制造成本。半定制法主要有门阵列和门海两种形式。这种方法的缺点是门阵列的门利用率较低,芯片面积相对较大。

3. 定制设计法

定制设计法(Custom Design Approach)吸取或结合了上述两种设计方法的优点而克服了两者的缺点,很受广大版图设计者欢迎。定制设计法适用于芯片性能指标较高而生产批量较大的芯片设计。通常分为以下两类:

(1) 标准单元法

电路中各单元的高度相等,但宽度有差别。

先将电路中所有的基本逻辑单元按照最佳设计的原则,精心画好版图并存入库中。实际设计 ASIC 电路时,只需从单元库中调出所需的单元版图,将其排列成若干行,行间留有布线通道,然后按照电路要求对各单元进行布线,即可顺利完成整个版图的设计。

(2) 通用单元法

与标准单元法不同,这种方法要求每个单元等高且不等宽,每个单元可以根据最合理的情况单独进行版图设计,使其获得最佳性能。设计整体版图时,先把所需的单元版图全部调出,然后边布局边调整,直到获得最佳位置为止。

由于布线通道不规则,电源线和地线的走向不规则,加上各单元的连线端口处于单元的四周,且端口位置也不规则。这些都给自动布局和自动布线带来了很大困难,目前已有针对这种设计方法的自动布图系统。

5.4.2　层次化设计

1. 层次化设计的概念

集成电路版图是利用层次化的概念构成的,即从底层单元设计较高一层的单元,然后用较高层单元设计更高一层的单元,这种嵌套可以一直进行下去,直到整个芯片的设计完成为止。

画电路图时,如果使用"Add"→"Instance..."命令,可以把 MOS 管、晶体管、电阻和电容等作为 Instance(例图)加以调用和复制,然后进行连线就能完成电路图,也就是说晶体管和阻容元件属于电路图的底层元件。画版图的时候,设计软件并没有提供晶体管和阻容元件的版图,只能用不同层次的多边形画它们的版图,晶体管和阻容元件之间的连线也要用等宽线或矩形一条条画出来。因此,在版图里面最底层的就不再是晶体管和阻容元件,而是一个个多边形。由各种多边形构成的晶体管就比底层高一级,由晶体管构成的门电路就更高一级。当然,版图中的晶体管和门级电路等的版图,仍然能作为 Instance 被调用和复制。

只包含多边形(矩形也是多边形)的单元是最简单的,如晶体管和逻辑门,它们各自独立,相互之间没有关系,一般把这种单元称为最底层单元。开始进行设计时,需要建立大量的底层单元并把它们存放到库中。

库中底层单元建成后,在后续设计中就可以用这些底层单元,把它们复制到较高层的单元中。复制时把它们作为 Instance,例图单元被复制的数目及安放的位置可按照需要决定。这样构成的新单元不仅包含各个底层单元,也包含为了把这些底层单元连接起来而增加的多边形,因此它是一个更复杂的版图。这个新单元本身又可作为一个单元存放到库中,在进行更复杂的设计时,该新单元又可以作为 Instance 被调用或复制。这种过程持续进行下去,不断将单元进行嵌套,逐层复制,由此可见层次化设计的概念在 VLSI 设计中是很重要的。

　　因此,层次化设计就是包含其他例图单元的设计,而被包含的单元又可以依次包含别的例图单元。图 5.25 更形象地显示层次化的概念,在最初始的层次上,单元只是由代表版图层(即材料层)的多边形构成,这在图中表示为 Level-1。而 Level-2 的单元则由 Level-1 单元的例图和多边形构成。再往上一层是 Level-3 的单元,它包含多边形,也可以包含 Level-1 和 Level-2 单元的例图。图中显示的最高一层是 Level-4 的单元,它由多边形以及 Level-1 至 Level-3 中所有单元的例图构成。

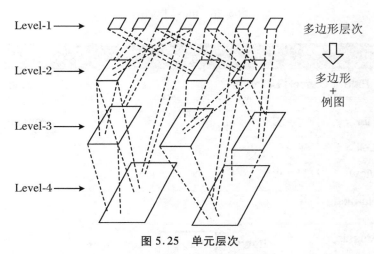

图 5.25　单元层次

　　一个 Instance 的内部结构在较高层次是不能改变的。例如,如果 Level-2 的单元被复制到 Level-4,在 Level-4 层次的设计中就不能对 Level-2 的结构内容进行改动。如果确有必要,须回到原先的 Level-2 层次中进行。但所作的任何改动都会传递到调用了 Level-2 单元的所有较高层次中。

　　如果确实需要对单元的某个例图进行改动,可以通过“打平”(Flatten)命令把这个例图分解成许多多边形。当一个例图被打平后,它就不再属于原来的单元,因而可以对打平的各个图形进行修改,而打平后的例图也不能再恢复成被调用的形式。

2. Instance 的调用

　　下面以绘制 2 输入多路选择器(mux2)为例介绍 Instance(例图)的调用方法。mux2 的电路如图 5.26 所示,它包含 3 个与非门(nand2)和 1 个反相器(inv),如果 nand2 和 inv 是已经完成的单元,就可把它们作为 Instance 来调用。

　　选择命令“Create”→“Instance...”,出现“Create Instance”对话框,如图 5.27 所示。对话框中有几个可选项:Rotate、Sideways、Upside Down,它们分别表示例图调入后旋转、左右对称及上下对称。在 Mosaic 内还可以输入 Instance 复制的数目,即在 Rows(行)和 Columns(列)的方向各有几个。

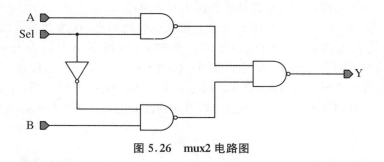

图 5.26　mux2 电路图

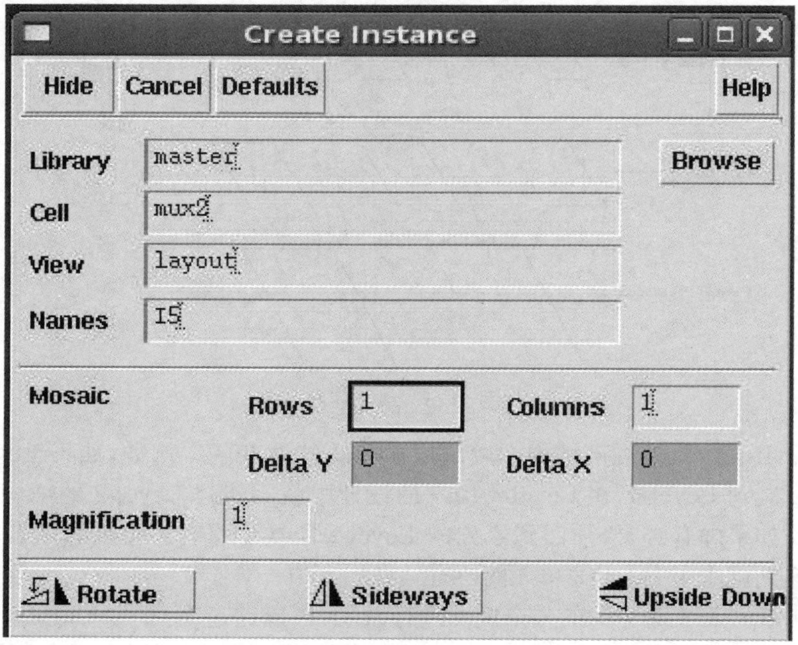

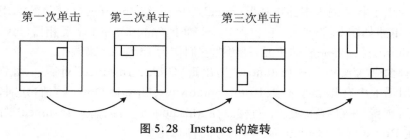

图 5.27　"Create Instance"对话框

　　在 Instance 复制之前,通过按鼠标右键还可以进行逆时针方向旋转,每按右键一次旋转 90°,如图 5.28 所示。等到方向符合要求时再单击鼠标左键,就可以把 Instance 复制到版图上。

图 5.28　Instance 的旋转

在 Instance 复制之前,还可以通过设置放大倍数将原图放大或缩小后再复制。图 5.29 是放大或缩小一个 MOS 管的例子,图 5.29(a)的放大倍数设置为 0.5,图 5.29(b)的放大倍数设置为 1(原图),图 5.29(c)的放大倍数设置为 2。

(a) 放大 0.5 倍　　　　　　　(b) 放大 1 倍　　　　　　　　(c) 放大 2 倍

图 5.29　图形放大或缩小后再复制

3. 把复制的 Instance 打平

把 mux2 的 4 个 Instance 调用到位,从左至右依次放 1 个与非门、1 个反相器和 2 个与非门。由于它们都是 Instance,在图中显示的是它们的外框和名称,如图 5.30 所示。同时按"shift"键和"f"键才能显示版图的图形内容和细节。4 个 Instance调用到位之后,要把它们连接起来才能组成 mux2 完整的版图,增加的连线也表示在图中。如果要对某个例图进行修改,就要把它打平。打平的方法是:先选中这个图形,使用命令"Edit"→"Hierarchy"→"Flatten..."",出现"Flatten"对话框,如图 5.31 所示。采用默认设置,点击"OK"即可。图 5.30 中左起第 2 个与非门被打平,打平后的图形已经不属于原来的 Instance。

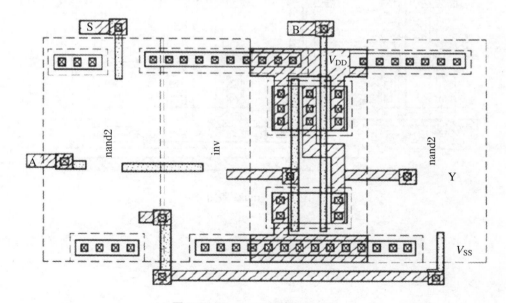

图 5.30　Instance 的调用和打平

最后完成的 mux2 版图如图 5.32 所示,这是用 0.6 μm 设计规则画的 N 阱 CMOS 集成电路的版图,只用了单层多晶和单层金属。

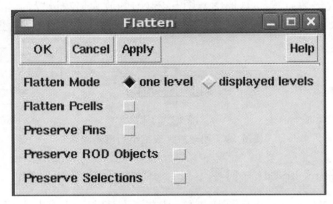

图 5.31　"Flatten"对话框

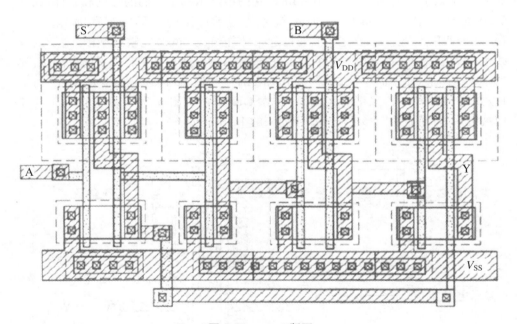

图 5.32　mux2 版图

第6章　集成电路版图设计入门操作指南

本　章　要　点

1. Cadence 软件的启动。
2. 版图设计入门操作指南。

　　Cadence 是个大型软件,它可以完成集成电路设计的多种设计,版图设计只是其中之一。为了进行版图设计,需要建立画版图的库文件并对系统进行一些相应的设置。

6.1　Cadence 软件的启动

　　要使用 Cadence 软件,必须在计算机(或工作站)上进行一些相应的设置。这些设置包括很多方面,而且不同的工具可能都需要进行各自不同的设置。在后面的操作中将对不同要求的设置分别进行介绍。

　　完成了一些必要的设置之后,就可以启动 Cadence 软件了。启动 Cadence 软件的命令有很多,使用不同的启动命令可以启动不同的工具集。常用的启动命令有 icfb、icms、icde、icds、msfb 等,也可以单独启动一个工具,如 Virtuoso Layout Editor 可以用 Layout Plus 来启动,Silicon Ensemble 可以用 sedsm 来启动。

　　以 icfb 为例,打开工作站的电源,屏幕显示:Please enter your name,输入用户名后按回车键,屏幕又显示:Please enter your password,输入密码后再按回车键,如果用户名和密码正确就可以进入系统。然后单击鼠标右键,选"Tools"→"Terminal",就能进入 Terminal 窗。在 Terminal 窗的 UNTX 提示符后,输入"icfb &"并按回车键(如图 6.6 所示),就会出现如图 6.9 所示的 CIW(Command Interpreter Window)窗,即命令解释窗。在命令行结尾处键入的字符"&"表示该命令放在后台运行。

　　CIW 窗是 Cadence 软件的控制窗口,是主要的用户界面。从 CIW 窗可以调用许多工具并完成许多任务。CIW 窗主要包括以下几个部分:

（1）Window Title（窗口标题栏）：显示使用的软件名称及 Log 文件目录。

（2）Menu Banner（菜单栏）：显示命令菜单以便使用设计工具。

（3）Output Area（输出区）：显示使用电路图设计软件时的信息，可以调整 CIW 窗使这个区域能显示更多信息。

（4）Input Line（输入行）：用来输入命令。

（5）Mouse Bindings Line：显示捆绑在鼠标左、中、右 3 键的快捷键。

（6）Prompt Line：表示来自当前命令的信息。

6.2 Cadence 软件版图设计入门操作

6.2.1 进入版图设计系统界面

实际操作过程和界面如下：

（1）双击打开桌面的 Xmanager Enterprise 3 图标，如图 6.1 所示。

图 6.1 打开 Xmanager Enterprises 3

（2）在弹出的菜单中双击"Xbrowser"，如图 6.2 所示。

名称	修改日期	类型	大小
Xbrowser	2018/1/16 17:51	快捷方式	2 KB
Xconfig	2018/1/16 17:51	快捷方式	2 KB
Xftp	2018/1/16 17:51	快捷方式	2 KB
Xlpd	2018/1/16 17:51	快捷方式	2 KB
Xmanager - Broadcast	2018/1/16 17:51	快捷方式	2 KB
Xmanager - Passive	2018/1/16 17:51	快捷方式	2 KB
Xshell	2018/1/16 17:51	快捷方式	2 KB
Xstart	2018/1/16 17:51	快捷方式	2 KB

图 6.2　双击"Xbrowser"

（3）接着双击"serv-01"，如图 6.3 所示。

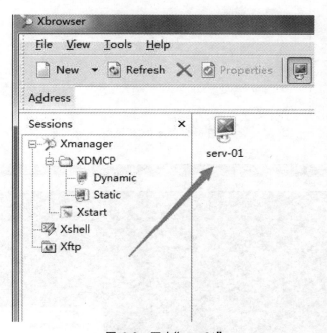

图 6.3　双击"serv-01"

（4）在弹出的 user1～user20 中选择一个，密码（password）为 111111，如图 6.4 所示。

（5）右击桌面，在弹出菜单中单击"Open in Terminal"，如图 6.5 所示。

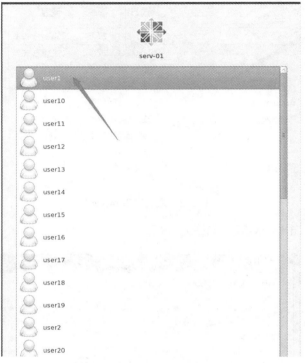

图 6.4　"serv-01"界面

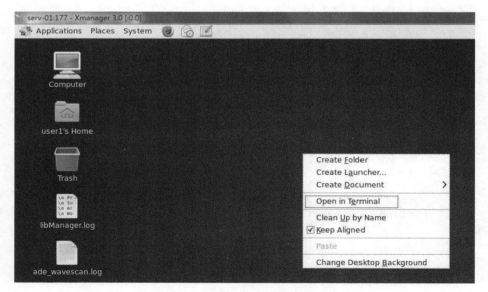

图 6.5　单击"Open in Terminal"

（6）在弹出的 Terminal 窗中输入"icfb &"然后按回车键启动 Cadence 软件，如图 6.6 所示。

图 6.6　Terminal 窗

（7）启动 Cadence 软件，如图 6.7 所示。

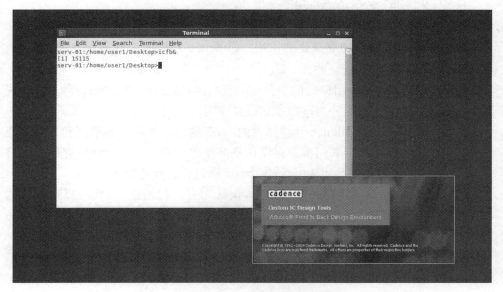

图 6.7　Cadence 软件启动界面

（8）Cadence 软件启动完成后，关闭提示信息，如图 6.8 所示。

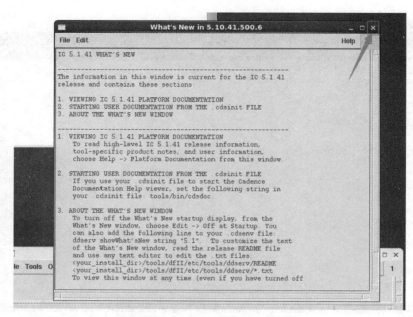

图 6.8　Cadence 软件启动完成界面

6.2.2　库文件的管理

库在 Cadence 软件中有重要的作用。Cadence 软件的文件基本上是按照库、单元和视图的层次进行管理的。

（1）库（Library）：一组单元的集合，库也包含与每个单元有关的各种不同的视图。Cadence 软件中的库分为基准库和设计库两类：

① 基准库。它是 Cadence 软件提供的库，存储该软件提供的单元和几种主要符号集合，各种管脚（Pin）和门都已存储在基准库中。例如，库 sample 存储普通符号；库 Us_8ths 存储各种尺寸和模板；库 basic 则包含特殊管脚等信息。

② 设计库。它是用户自己创建的库，设计库有读写通路，因此可以对设计的内容进行编辑和存盘。

（2）单元（Cell）：建造芯片或逻辑系统的最低层次的结构单元。

（3）视图类型（View）：单元的一种特殊表示。每个 Cell 可以具有多个 View，如 Layout（版图）、Schematic（电路图）和 Symbol（符号）等都是经常使用的视图类型。

（4）单元视图（Cellview）：Cell 和 View 的组合。Cellview 是 Cell 的特殊表示。

在 CIW 窗中（如图 6.9 所示），选择"Tools"→"Library Manager"（这段命令

的操作方法是:将光标指针移到"Tools"并单击鼠标左键选中它,出现下拉菜单,再用指针选择"Library Manager"并单击鼠标左键选中。本书后面的命令都按此种方法进行操作,不再重述),出现"Library Manager"对话框,如图6.11所示。对话框包含Library、Cell和View 3列。在Library这一列中,包含了Cadence软件提供的基准库和自己创建的设计库。

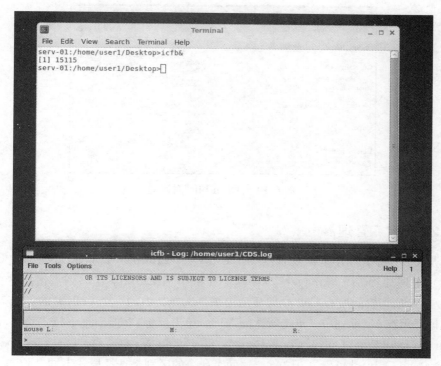

图6.9 CIW窗

Cell按英文字母的顺序排列,大写字母开头的Cell排在小写字母开头的Cell之前。如果一个库包含的Cell很多,可以把相同类型的Cell合并为一类(Category)。打开"Library Manager"对话框中位于选项"Show Categories"之前的开关,就会增加Category列,它是把Cell分类后按类显示的。另外,若打开"Show File"前的开关,"Library Manager"对话框除保留Library这一列外,其他部分将分为4个区:Cell In Library、View In Cell、Files In Library和Files In Cell,前两个区与没有打开"Show Files"时的Cell和View两列对应。

6.2.3 进入/打开设计文件

要进入系统内已有的设计文件,可以使用库管理器或打开文件两种方式。

1. 使用打开文件方式

在 CIW 窗中,点击"File"→"Open…",出现"Open File"对话框,如图 6.10 所示。在 Library Name、Cell Name 和 View Name 的文本区输入该设计文件的库名、单元名和视图类型名,再点击"OK"即可。

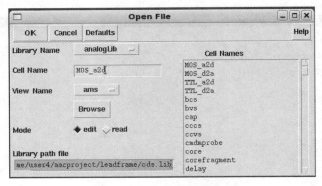

图 6.10　"Open File"对话框

2. 使用库管理器方式

从 CIW 窗中打开库管理器:点击"Tools"→"Library Manager…"(如图 6.11 所示),出现"Library Manager"对话框。在框中从 Library 这一列点击所选的库名,这个库所包含的所有 Cell 立即显示出来。选择其中的一个 Cell,它的各个 View 也立即显示在 View 列中。点击所选的 View,单击鼠标右键,出现下拉式菜单,包括 Open…、Open(Read-Only)、Copy、Rename 和 Delete 等命令,移动光标至 Open 或 Open(Read-Only)就可以打开文件。这两个命令的区别是选择模式不同,用 Open 命令打开文件可以进行编辑,而 Open(Read-Only)则只能读。

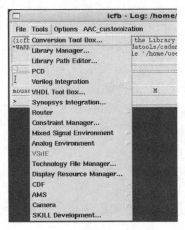

图 6.11　从 CIW 窗中打开库管理器

6.2.4　学习电路图画法的作用

电路图是指由晶体管(包含 MOS 管和双极型晶体管)、电阻、电容、电源和导线等连接而成的图形。在学习版图设计之前,先学习电路图的画法,主要有以下几个作用:

(1) 任何一个集成电路的设计,都是从电路设计开始的。电路设计人员先选电路方案,再进行仿真并不断修改,直到设计指标达到要求之后确定电路图,才能成为版图设计的依据。版图设计人员画电路图水平的高低,对版图设计质量有很大影响,因此要求版图设计人员也应具有较好的画电路图的水平。

(2) 版图设计完成后,要进行 LVS(Layout Versus Schematic)验证。LVS 验证是对版图和电路图的一致性检查,为了进行对比验证,不仅要有版图,还要有电路图作为验证输入文件。这就需要版图设计人员会画电路图。

(3) 电路图是用 Cadence 软件画成的,它不仅在版图设计中有上述作用,还能在电路设计时进行仿真。在学习版图设计之前,先学习电路图的画法,可以逐渐熟悉 Cadence 软件的作用和工作站的用法,为学习版图设计打下基础。

6.2.5　建立设计项目版图库和版图

在 UNIX 工作站上的开机方法前面已作介绍。PC 版的 Cadence 软件,操作系统是 Red Hat Linux(工作站的操作系统是 UNIX),因此进入系统的方法与工作站基本相同。

库管理器中包含有 Cadence 软件提供的一些元件库,如 analogLib,sample 等。用户在工作过程中建立的库也放在库管理器中,如开始某一项新设计(project)时,该工程的名称就可以作为新库名,而新工程的部件或模块就可设置成为库中的 Cell,或者以自己姓名拼音的缩写作为库名。总之,无论画电路图还是设计版图,都和建库有关。

建版图新库的步骤如下:

(1) 点击"Tools"→"Library Manager…",出现"Library Manager"对话框,如图 6.12 所示。

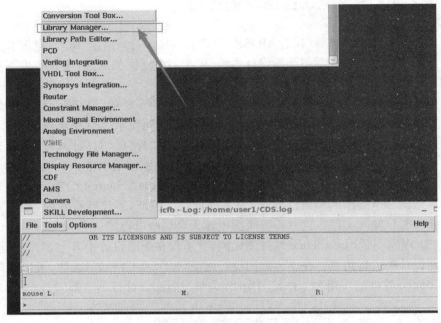

图 6.12 点击"Library Manager…"

（2）启动"Library Manager"，如图 6.13 所示。

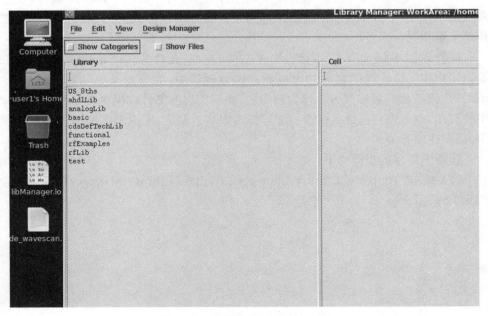

图 6.13 启动"Library Manager"

（3）点击"File"→"New"→"Library..."新建设计版图库，如图 6.14 所示。

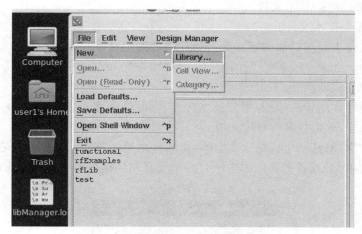

图 6.14　新建设计版图库

（4）在弹出的菜单项中输入设计的库的名称，比如"MyDesign"，点击"OK"，如图 6.15 所示。

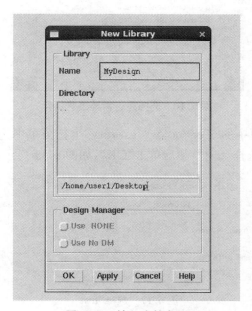

图 6.15　输入库的名称

（5）选择是否需要工艺文件，如图 6.16 所示。

在"Technology File"项中提示：如果要在这个库中建立掩膜版图或其他物理数据，则需要技术文件。若只用电路图或 HDL 数据，则不需要技术文件。在提示后有以下 3 个选项：

① 编译新的技术文件。

② 添加已有的技术文件。

③ 不需要技术文件。

技术文件主要包括层的定义和符号化器件的定义,层、物理及电学规则和针对特定 Cadence 工具的一些规则的定义,如自动布局布线的一些规则,版图转换成 GDSⅡ数据格式时所用到的层号的定义等。

由于新建库用于画版图,需要技术文件,因此选第 1 个选项,即"◆ Compile a new techfile",单击"OK",新库建成。

新建的库"MyDesign"是一个空库,里面什么单元都没有。用户可在库中生成自己需要的单元,或者把其他库中已有的单元复制到这个库中作为新库的单元。

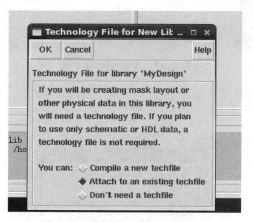

图 6.16 选择是否需要工艺文件

(6) 在弹出菜单中的"Technology Library"下拉菜单中选择我们需要的工艺库,此处为了练习,选择"test",然后单击"OK",如图 6.17 所示。

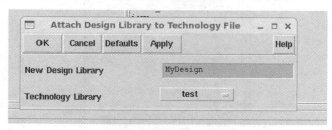

图 6.17 选择"test"

(7) 建立了版图库并对 LSW 窗和版图编辑窗进行了一些必要的设置后,就可以开始画版图了。假设已经打开了版图编辑窗,屏幕上有版图编辑窗和 LSW 窗两个窗口。

点击选择"MyDesign",然后点击"File"→"New"→"Cell View..."，如图 6.18 所示。

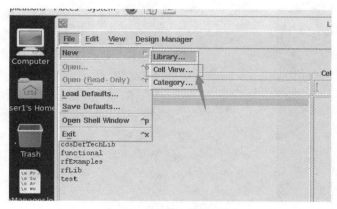

图 6.18　点击"Cell View…"

（8）输入子项目的名称及子项目的类型，然后进行版图编辑，先以一个 MOS 管（如图 6.19 所示）后以一个反相器 inv1（如图 6.20 所示）为例，选择分别如下，然后单击"OK"，进入版图编辑环境。

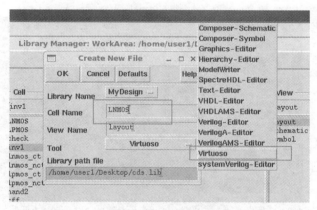

图 6.19　输入子项目名称及类型

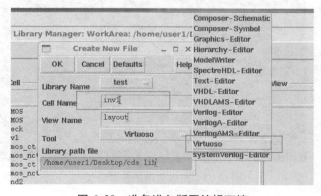

图 6.20　准备进入版图编辑环境

（9）图标栏位于电路图编辑窗左边一列，这些图标表示一些常用的命令。将它们单独列出来，便于快速选用。16 个图标的功能如图6.22所示。

为了帮助用户认识上述图标，当把光标移动到某个图标上时，它的名称就会出现在该图标下，如光标移动到如图 6.21 所示的第一个图标上，显示该图标的名称为"Copy"。

图 6.21　光标名称出现在图标下

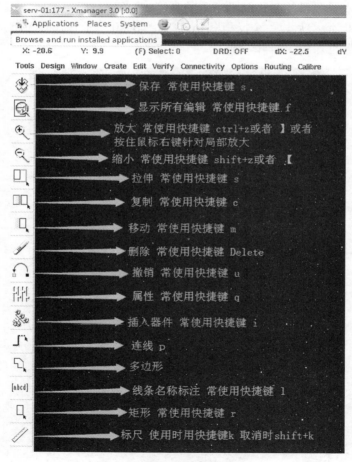

图 6.22　图标菜单的符号功能

第 7 章　版图验证技术和方法

本 章 要 点

1. 版图验证的概念。
2. 版图验证的项目。
3. 版图验证的工具。
4. Calibre DRC 验证。
5. Calibre LVS 验证。

前面介绍了把电路图设计成集成电路版图的方法和过程,但是,刚设计完成的版图不能马上用于制版,还必须经过版图验证的过程。

版图验证是指采用专门的软件工具,对版图进行几个项目的验证,如这些项目包括的版图是否符合设计规则,版图和电路图是否一致,版图是否存在短路、断路及悬空的节点等。只有经历这些验证过程且合格的版图,才能放心地用来制作光刻掩膜版,否则版图设计中的错误,哪怕是十分微小的错误都会使制造的芯片报废。因为制造一块掩膜版需要花费很高的代价,而硅晶片的制造周期也需要几周,所以,为了降低芯片制作成本、缩短流片时间,提交给制版的版图数据必须准确无误。

在人工设计阶段,版图验证是由版图设计人员先自检,然后再经过别人复查,即便如此,也很难通过几次检查找出版图中存在的全部错误,对于规模稍大的集成电路,人工检查更是一项既费时又费力的工作。为了缩短集成电路的设计周期,确保设计完成后一次流片成功,必须借助计算机和 EDA 软件的强大功能,对版图设计进行高效而全面的验证,尽可能把版图设计中的错误在制版之前全部检查出来并加以改正。现在版图验证已经成为版图设计中的一个必不可少的环节,事实证明,在经过版图验证项目的检查之后,一次流片的成功率已经大大提高。

本章先对版图验证作一般介绍,然后简单介绍 Cadence 软件包含的 Dracula 和 Diva 两种版图验证工具,重点介绍 Mentor Graphics 公司的 Calibre 版图验证工具,最后讲解和演示版图验证 DRC、LVS 的方法和实际操作流程。

7.1　版图验证的项目

集成电路版图常规验证的项目包括下列 5 项：

1. 设计规则检查

设计规则是集成电路版图各种几何图形尺寸的规范，设计规则检查（Design Rule Check，DRC）是在产生掩模版图形之前，按照设计规则对版图几何图形的宽度、间距及层与层之间的相对位置（间隔和套准）等进行检查，以确保设计的版图没有违反预定的设计规则，能在特定的集成电路制造工艺下流片成功，并且具有较高的成品率。不同的集成电路工艺都具有相应的设计规则，因此设计规则检查与集成电路的工艺有关。由于这个验证项目的重要性，DRC 成为版图验证的必做项目。

2. 电学规则检查

电学规则检查（Electrical Rule Check，ERC）检查版图是否有基本的电气错误，如短路、开路和悬空的节点，以及与工艺有关的错误，如无效器件、不适当的注入类型、不适当的衬底偏置、不适当的电源、地连接和孤立的电节点等。完成 ERC 检查后，按照电位的不同来标记电节点和元器件，并且产生图示输出。

3. 版图和电路图一致性比较

版图和电路图一致性比较（Layout Versus Schematic，LVS）是把设计的版图和电路图进行对照和比较，要求两者达到完全一致，如有不符之处将以报告的形式输出。LVS 验证通常在 DRC 检查无误后进行，它是版图验证的另一个必查项目。

4. 版图寄生参数提取

版图寄生参数提取（Layout Parasitic Extraction，LPE）是根据集成电路版图来计算和提取节点的固定电容、二极管的面积和周长、MOS 管的栅极尺寸、双极型器件的尺寸和 β 比等，并且以和 spice 兼容的格式报告版图参数。

5. 寄生电阻提取

寄生电阻提取（Parasitic Resistance Extraction，PRE）专门用来提取寄生电阻，是对 LPE 的补充，两者相互配合，就能在版图上提取寄生电阻和寄生电容参数，以便进行精确的电路仿真，更准确地反映版图的性能。PRE 是在版图中建立导电层来进行寄生电阻提取的。

在上述项目中,DRC 和 LVS 是必须要做的验证,其余为可选项目。而 ERC 验证一般在做 DRC 验证时同时完成,并不需要单独进行。因此,本章将对 DRC 和 LVS 的验证方法进行比较详细的讲解。

7.2 版图验证工具

版图验证工具可采用好几家 EDA 设计公司的。这里先简单介绍 Cadence 软件包含的两种验证工具:Diva 和 Dracula。然后重点介绍众多设计公司采用的 Mentor Graphics 公司的 Calibre(IC 设计物理验证软件)版图验证工具。

1. Diva

Diva 是一个与版图编辑器完全集成的交互式验证工具集,它嵌入在 Cadence 软件的主体框架中,用来寻找并纠正设计错误,包括检查物理设计和电学功能,完成版图和电路图的比较。

Diva 属于在线验证工具,在版图设计过程中能够随时迅速启动 Diva 验证,无论整个版图、版图的特定部分和自上次验证后有改动的设计部分,只需通过一个简单的菜单选择就能完成。

Diva 具有速度较快、使用方便的特点,为单元、模块和小规模芯片提供实时检查。这些验证工具直接在版图的数据库上工作,从而消除了数据转换的时间消耗。

2. Dracula

如今,Dracula 验证系统已经成为集成电路行业最流行的验证软件。除了基本的验证功能,Dracula 验证技术为设计者提供了一整套验证工具,适用于从小单元到大规模集成电路的所有设计。Dracula 验证系统除了能够处理重叠的单元、与单元交叠的其他层次的图形、邻接单元和单元上布线等情况,还能处理单元中版图与逻辑图不匹配的穿通图形,不论设计方法是自底向上、定制、标准单元、结构化的门阵列,还是积木块结构,Dracula 验证技术和层次化的处理能力都能缩短验证周期。

Dracula 具有运算速度快、功能强大、能验证和提取较大电路的特点,因此一般在交付制版之前都使用 Dracula 验证产品来发现设计错误。但 Dracula 的运行不像 Diva 那样简便,需要先导出 GDS 文件才可以验证,过程要复杂一些。

3. Calibre

Mentor Graphics 公司的 Calibre 是一款功能强大的 IC 设计物理验证软件,

它提供了先进的产品自动化设计技术，用于各类复杂的产品设计、优化等操作。

Calibre DRC 简介：目前，Calibre 工具已经被众多设计公司、单元库和 IP 开发商、晶圆代工厂采用为深亚微米集成电路的物理验证工具。Calibre 具有先进的分层次处理功能，是唯一能在提高验证速率的同时，可优化重复设计层次化的物理验证工具。Calibre DRC 用于版图的设计规则检查，具有高效能、高容量和高精度的特点，还具有足够的弹性，即便是系统芯片包含有设计方法差异极大的模拟与数字电路，也可以方便地进行验证。

Calibre LVS 简介：Calibre LVS 是一个出色的版图与线路图对比检查工具，具有高效率、高准确度和大容量等优点。Calibre LVS 不仅可以对所有的"元件"进行验证，还能在不影响性能的条件下处理无效数据。

作为物理验证工具，Calibre 已经被大家所熟知。它是目前业界功能最强大、应用最广泛的物理验证工具，是深亚微米物理验证和亚波长半导体制造的行业标准，被称为 Golden Verification。

Calibre 工具可以很方便地从 Layout 工具中调用，直接在图形化的界面中进行相应的验证。Calibre 工具能够同目前所有主流的 Layout 工具建立连接，包括 Cadence、Synopsys、Magma 等公司的 Layout 工具及 Laker 工具等。当运行完相应的验证后，可以通过 RVE 窗口将所得到的结果很直观地反标到原有的 Layout 工具中，快速地进行查错。

对于 Calibre 工具，它具有良好的性能，超大的容量，快速、友好的查错环境。具体可以总结如下：

（1）采用层次化的数据处理结构，大大减少了数据量，提高了数据的处理能力。

（2）对于层次化的算法进一步优化，不依赖于人为的层次化结构，以达到最佳的性能。

（3）对于数据量超大的设计，能够采用多线程的方法，利用多 CPU 或网络中的有效资源进行验证，增强数据处理能力，提高效率。

（4）对设计数据进行合理的分割，大大降低了对硬件的要求，在任何一台机器上都可以很好地运行。

（5）同主流版图工具一样有很好的接口，可以快速地调用、反标。

7.3　DRC 验证

7.3.1　版图设计规则概述

在集成电路的生产过程中，根据工艺水平的发展和生产经验的积累，可以总结出一套数据作为版图设计时必须遵循的规则,这种规则通常称为版图设计规则。版图设计规则是由几何限制条件和电学限制条件共同确定的版图设计的几何规定,这些规定是以掩膜版各层几何图形的宽度、间距及重叠量等最小容许值的形式出现的。版图设计规则可以向电路设计和版图设计人员精确说明工艺线的加工能力,是集成电路设计和工艺制造之间的桥梁。

在工艺加工中可能会出现一些偏差,如光刻腐蚀可能过了头,多层掩模之间可能对不准,硅片在高温下可能变形,感光可能过分或不足等。版图设计规则对这些影响生产的因素加以考虑和规定,提出对容差的要求,即保证集成电路在制造过程中工艺能力所能达到的、保证芯片不出问题所提出的对版图设计的各种约束条件。

版图设计规则是考虑器件在正常工作的条件下,根据实际工艺水平和成品率的要求,给出的一组同一工艺层和不同工艺层之间几何尺寸的限制,即分别给出它们的最小值,以防止掩膜图形的断条、连接和其他现象的产生。在版图设计完成后,可以根据版图设计规则用计算机辅助设计软件进行版图设计规则检查。

一个优良的版图设计规则,应当既能保证参数水平,又能尽可能有利于工艺制造,二者缺一不可。版图设计规则越严格,对器件尺寸和相对位置的要求越精确,那么电路性能就越好,但加工困难会使成品率降低;版图设计规则留的安全系数越大,那么成品率会越高,但电路的性能会变差,所以集成电路的性能要求和对成品率的要求之间存在矛盾。版图设计规则实际上是集成电路性能与成品率之间的折中:在确保成品率的前提下,力求最佳的电路性能,以获取最大的经济效益。

有了版图设计规则,设计工程师在不熟悉工艺细节的情况下,只要按照版图设计规则就能成功地设计出集成电路;工艺工程师也不需要深入了解版图设计的内容,只要按照版图设计规则的要求严格控制加工精度。这对集成电路的发展和生产是十分有利的,尤其为发展 EDA 技术创造了非常有利的条件,使 VLSI 的设计和生产可以分开进行。

版图设计规则一般分为两种,一种是以 λ 为单位的版图设计规则,另一种是以 μm 为单位的版图设计规则。以 μm 为单位的版图设计规则通常给出制造中所要用到光刻的最小尺寸及间距一览表,在这个规定的尺寸之间不存在确定的比例关系。随着集成电路工艺的不断发展和器件特征尺寸的不断缩小,"微米规则"已被越来越多地采用,本书只介绍和使用这种版图设计规则。

版图设计规则一般以 MOS 管的沟道长度来标志工艺水平。如沟道长度为 $2\,\mu m$ 或 $1\,\mu m$ 的版图设计规则,就分别称为 $2\,\mu m$ 或者 $1\,\mu m$ 版图设计规则。集成电路设计公司在与晶片加工厂签订了芯片加工合同后,晶片加工厂将向设计公司提供版图设计规则和其他技术文件。

7.3.2　DRC 验证及操作

版图设计规则是集成电路版图各种几何图形尺寸的规范,DRC 是在产生掩模版图形之前,按照版图设计规则对版图几何图形的宽度、间距及层与层之间的相对位置(间隔和套准)等进行检查,以确保设计的版图没有违反预定的版图设计规则,能在特定的集成电路制造工艺下流片成功,并具有较高的成品率。不同的集成电路工艺都具有与之对应的版图设计规则,因此版图设计规则检查与集成电路的工艺有关。由于这个验证项目的重要性,所以 DRC 成为了版图验证的必做项目。

Calibre 工具有界面化和命令行两种操作方法,可根据用户的个人喜好进行选择。

图形化界面可以直接从版图工具(Virtuoso)里调用,Virtuoso 版图工具界面如图 7.1 所示。

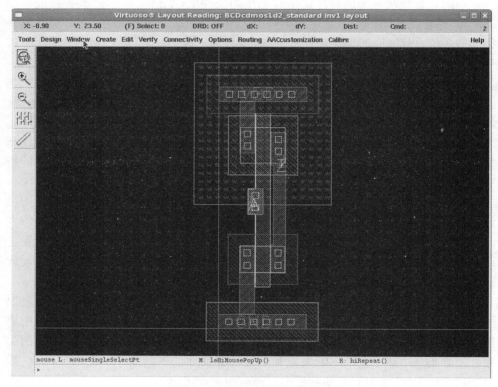

图 7.1 Virtuoso 版图工具界面

实际操作过程和界面如下:

(1)首先在版图界面点击菜单栏的“Calibre”,如图 7.2 所示。

(2)点击“Calibre”后,会出现下拉菜单,再点击“Run DRC”,如图 7.2 所示。

(3)点击过后,验证 DRC 的软件启动,这时出现一个软件主菜单和一个悬浮框,在这个悬浮框中可以选择一个之前保存的验证 DRC 的设置进入,由于我们是第一次使用,所以这里不需要选择,点击“Cancel”即可,如图 7.3 所示。

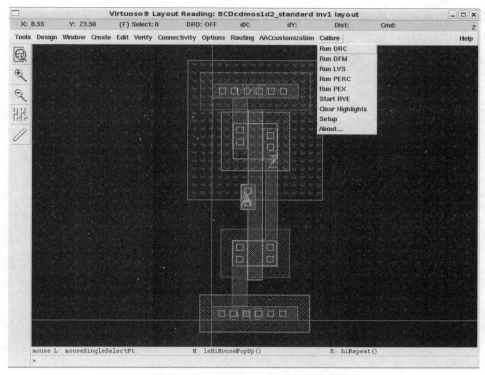

图 7.2 点击"Calibre",再点击"Run DRC"

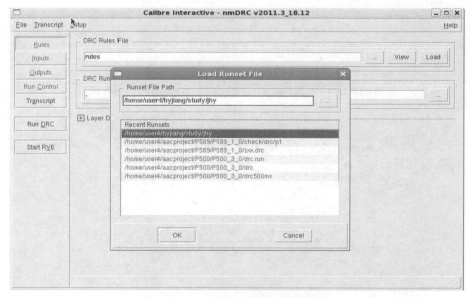

图 7.3 DRC 软件主菜单及悬浮框

（4）点击左边的"Rules"，在这里我们可以选择用于 DRC 规则文件，点击
"..."，选择 DRC 规则文件，如图 7.4 所示。

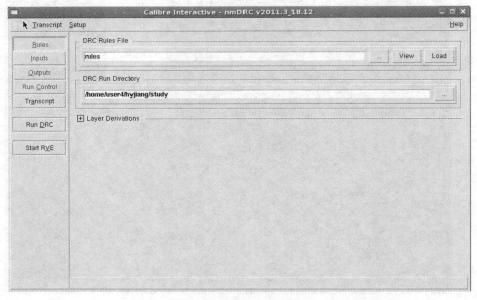

图 7.4　选择 DRC 规则文件

（5）点击"..."以后，出现如图 7.5 所示的悬浮框，在这里选择我们需要的用于
验证 DRC 规则的文件。

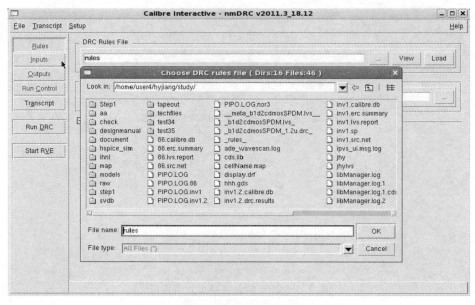

图 7.5　选择用于验证 DRC 规则的文件

（6）选择完成以后，点击"OK"，这时 DRC 规则文件就已经设置完成了，接下来再对 Inputs 选项进行设置，依次点击"Inputs""Run：DRC（Hierarchical）"选择"DRC（Flat）"，同时选中"Export from layout viewer"，如图 7.6 所示。

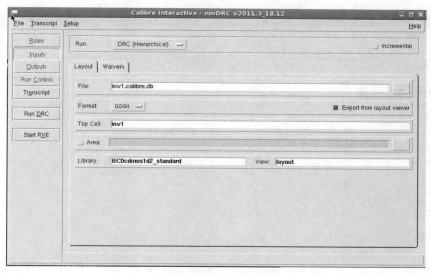

图 7.6　设置 Inputs 选项

（7）点击左侧的"Run DRC"，弹出的"Overwrite file?"悬浮框是确认是否需要覆写由版图文件转换的用于 DRC 检查的数据，图 7.7 中的可选框是对是否需要下次弹出这个悬浮框的选择，在这里勾选，表示下次不会再弹出，并点击"OK"，如图 7.7 所示。

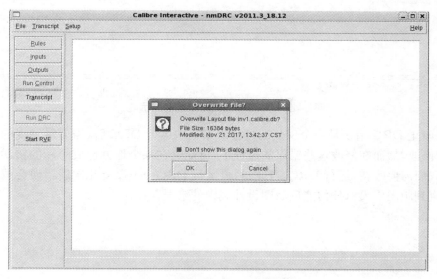

图 7.7　"Overwrite file?"悬浮框

（8）接下来就是 DRC 验证结果的显示，左边是每个类型的错误的显示，点击后会显示该类型的所有错误，点击某一项错误，下面的方框内就会显示当前错误的原因，然后根据原因来修正版图中出现的错误，如图 7.8 所示。

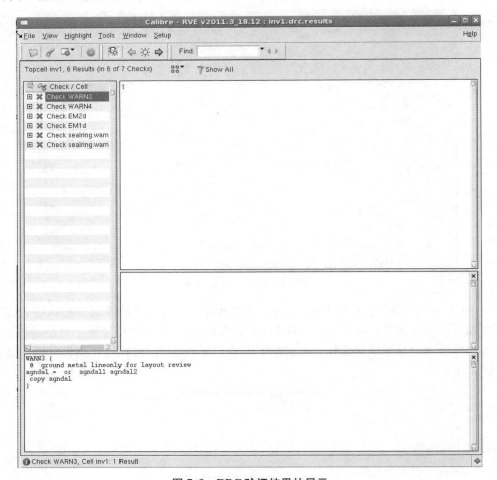

图7.8　DRC 验证结果的显示

改正 DRC 错误是一个反复的过程。第一次运行 DRC 后，需要对发现的错误进行修改，然而在修改这些错误的过程中，可能又在某个地方造成了新的错误。因此，我们需要改错，运行 DRC，再改错，再运行 DRC……反复几次后错误会越来越少，直到版图中没有任何违反版图设计规则的错误存在。

7.4　LVS 验证

7.4.1　LVS 原理

版图的 DRC 运行完毕且改正了所有的错误之后,就可以运行 LVS 验证了。LVS(Layout Versus Schematic)是版图验证的关键部分,在集成电路中应用此工具可以保证版图和电路图的一致性。LVS 验证能隔离两种设计表述之间的任何差异,并产生明确的报告供版图设计者分析。运行 LVS 能提高流片的成功率,节约设计成本。

电路图是用器件符号和连线画成的,在电路图中只有器件符号和线段,而版图则完全是一些不规则的多边形,因此电路图和版图的图形性质完全不同,两者之间没有可比性。但是,如果先从版图中提取器件信息并产生器件的网表,再从电路图中产生一个网表,然后对这两个网表进行比较就不存在任何问题了。IC 设计物理验证软件就是这样运行 LVS 的。

1. 数据格式转换

为了在不同的设计工具之间进行数据交换和转移,如把版图的基本数据转换成掩模制造工厂能读懂的格式,就要将版图文件采用通用的数据格式表示。流行的数据格式有 CIF 和 GDS Ⅱ 两种,但后者的应用比前者更加普遍。

GDS Ⅱ(Geometric Data Standard Ⅱ)是表达掩模设计信息工业标准的基本数据格式,它几乎能表示版图的各种图形数据。GDS Ⅱ 是一种二进制数据流(stream)格式,文件内以一种变长记录作为数据流的单位,每个记录的头 4 个字节为记录头,其中前 2 个字节为本字节的长度,第 3 个字节是本记录的记录类型代码,第 4 个字节是本记录的数据类型代码。一个 GDS Ⅱ 数据流文件是一个很大的自我包容文件,它不仅包括库和单元,还包括版图的所有信息和设计中的层次结构。由于 GDS Ⅱ 数据流文件是二进制的数据流形式,读和写都由专门程序进行,无法直接读懂或对它进行修改。

GDS Ⅱ 数据格式文件的开头部分保存着有关文件中的数据信息,并且统一计量单位,这些参照数据称为用户单位。在版图设计中用户单位一般用 μm 表示。GDS Ⅱ 数据格式文件包含的另一个重要信息是每个用户单位所允许的基本数据单位数,这部分信息有效地设定了基本数据的分辨率。

2. LVS 的比较方法

利用版图和电路图的网表,LVS 可以比较版图和电路图在晶体管级的连接是否正确。比较从电路的输入和输出开始,进行渐进式搜索,并寻找一条最近的返回路径。当 LVS 找到一个匹配点,就给匹配的器件和节点一个匹配的状态;当 LVS 发现不匹配时,就停止该路径的搜索。在 LVS 搜索完全部路径之后,所有的器件和节点都被赋予了匹配的状态,通过这些状态就可以统计出电路与版图的匹配情况。对于比较中发现的错误,则输出报表或图形。

在 LVS 开始比较的时候,可以提供一组初始对应节点作为操作的起始点。如果版图库中的节点和电路图中的合格节点具有相同且唯一的标签时,它们就成为一对初始的对应节点。合格的电路图节点指电源节点、地节点、顶层输入节点和顶层输出节点,或者电路图网表中的内部节点。LVS 就使用这些初始对应节点开始搜索操作,提供的初始节点对越多,搜索的过程就越快。但是,LVS 不会怀疑所提供的节点对是否匹配,即使它们不匹配或有错误,程序也不能检验出来。由于手工输入到版图中的文本是个容易出错的过程,所以需要对它们进行有效的检验。比较保守的办法是分配所有的压焊块作为初始对应节点,再加上重要的信号节点和有很多器件连接的节点。如果验证软件没有找到初始对应节点,它就会启动自动匹配能力。

验证系统可接受不同的网表和版图格式,因而消除了网表与版图数据库的转换,使验证准备时间最短。

7.4.2　LVS 验证

LVS 验证是把设计的版图和电路图进行对照和比较,要求两者达到完全一致,如果有不符之处将以报告形式输出。LVS 验证通常在 DRC 检查无误后进行,它是版图验证的另一个必查项目。

LVS 验证的实际操作过程和界面如下:

(1) 与 DRC 验证类似,同样是先点击"Calibre",然后选择"Run LVS",如图 7.9 所示。

(2) 然后可以选择与前面所说的 DRC 验证类似的验证设置,也可以选择自己之前保存的 LVS 验证设置,同样是第一次使用,我们可以不选择,直接点击"Cancel",如图 7.10 所示。

(3) 点击以后,同样与 DRC 验证类似,选择"Rules"→"LVS Rules File"→"...",选择 LVS 规则文件,如图 7.11 和图 7.12 所示。

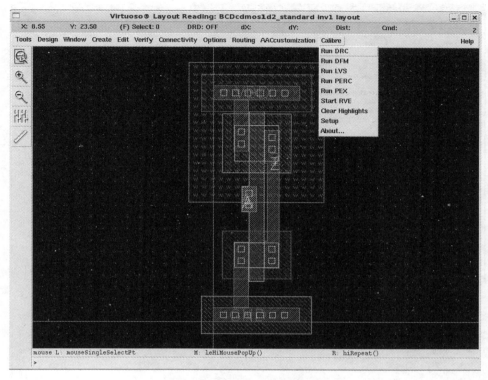

图 7.9 点击"Calibre"界面

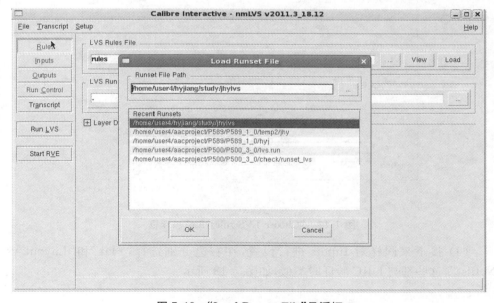

图 7.10 "Load Runset File"悬浮框

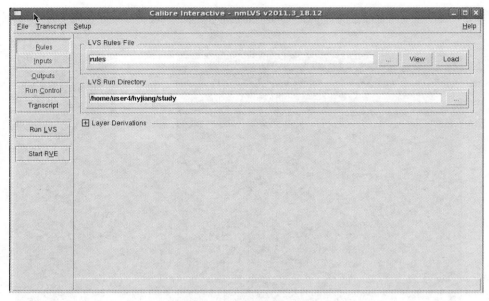

图 7.11　选择 LVS 规则文件

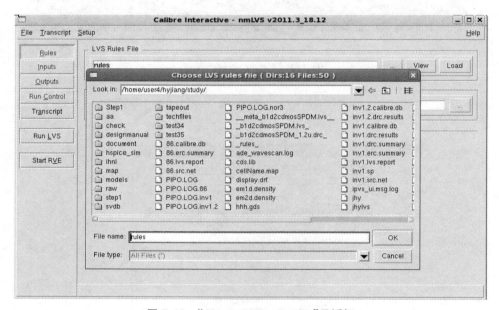

图 7.12　"Choose LVS rules file"悬浮框

（4）接下来同样对 Inputs 进行设置，在右边分别选择"Flat"和"Layout vs Netlist"，这些都与 DRC 验证时类似，如图 7.13 所示。

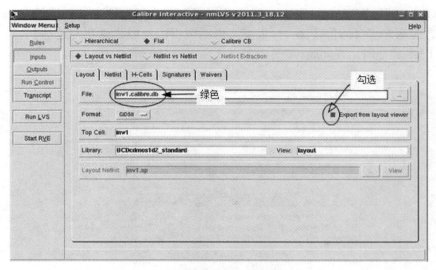

图 7.13 设置 Inputs 选项

（5）在完成上面的设置以后，接下来有一个与 DRC 验证不同的设置。在 DRC 验证中我们只需要将版图文件转化成 DRC 验证程序可以"读懂"的"语言"即可，但在 LVS 验证中，我们不仅要将版图"翻译"过来，还要将电路逻辑图"翻译"成 LVS 验证程序可以"读懂"的"语言"，所以在这里我们还需要设置电路逻辑图的"翻译"过程。如果该文件存在，这里应该是绿色的，如果不存在这个文件时，这里应该是红色的，我们一般第一次做 LVS 验证时，这里应该是红色，不用担心，勾选下面的"Export from schematic viewer"（如图 7.14 所示），这里与上面的"Export from layout viewer"功能类似。

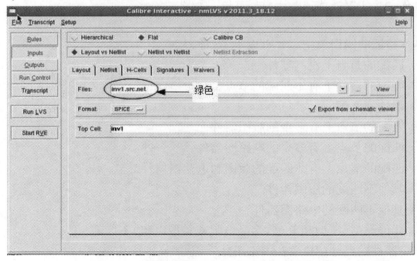

图 7.14 勾选"Export from schematic viewer"

（6）全部设置完成后，点击左侧的"Run LVS"进行 LVS 验证，这里有一个需要注意的地方，在我们画版图时，最好将电路逻辑图与版图放在一起（同名），以减少在 LVS 验证时出现问题，如图 7.15 所示。

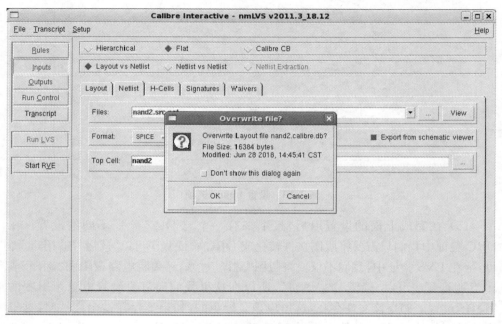

图 7.15　进行 LVS 验证

7.4.3　LVS 验证主要错误类型

LVS 验证的错误类型主要有以下 15 种：

（1）匹配的节点上没有器件。

（2）匹配的器件上有不匹配的节点。

（3）器件不匹配。

（4）匹配的节点上有多余的版图器件。

（5）匹配的节点上有多余的电路图器件。

（6）匹配的节点上有非匹配的版图和电路图器件。

（7）其他不匹配的版图器件。

（8）其他不匹配的电路图器件。

（9）器件类型（N 型和 P 型，多晶电阻或扩散电阻）不匹配。

（10）器件的尺寸（W 或 L）不匹配。

（11）MOS 可逆性错误。

（12）衬底连接不匹配。

（13）器件的电源连接不匹配（多电源供电的情况）。

（14）简化多个并联 MOS 管为单个 MOS 管时出错。

（15）过滤多余的器件时出错。

第8章　集成电路版图设计常用电路探讨

　　　本 章 要 点

1. 基本偏置电路。
2. 各种放大电路。
3. 运算放大器电路。
4. 电压比较器电路。
5. A/D 电路与 D/A 电路。

　　模拟集成电路单元主要用于处理连续的小信号,它要求电路的每一个组成单元必须是精确的,因此,模拟集成电路的设计与数字逻辑的设计相比是比较困难的。在 VLSI 设计中所设计和应用的模拟集成电路应与主流技术相融合,应以 MOS 模拟集成电路为主要设计对象。本章中的模拟集成电路设计将主要探讨 MOS 电路技术。

8.1　基本偏置电路

　　模拟集成电路中的基本偏置包括电流偏置和电压偏置。电流偏置提供了电路中相关支路的静态工作电流,电压偏置则提供了相关节点与地之间的静态工作电压。各偏置的作用是使 MOS 晶体管及其电路处于正常的工作状态,在通常情况下,大部分 MOS 模拟集成电路中的 MOS 晶体管,不论是工作管,还是负载管都工作在饱和区。

8.1.1　电流偏置电路

　　在模拟集成电路中的电流偏置电路的基本形式是电流镜。所谓电流镜是由两个或多个相互关联的电流支路所组成的,各支路的电流依据一定的器件比例关系而成比例。

　　作为提供静态电流偏置的电路,希望它是恒流源,也就是说,它不能因为输出节点的电位变化而使输出电流值发生变化。

1. NMOS 基本电流镜

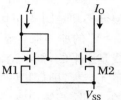

NMOS 基本电流镜由两个 NMOS 晶体管组成，如图 8.1 所示。因为两个 NMOS 晶体管的栅极连接在一起，同时源极也相连，所以 M1 和 M2 的 V_{GS} 具有相同的值。

电路设计时，要求 M1 和 M2 都工作在饱和区。所以，参考支路的电流 I_r 和输出支路的电流 I_O 都是饱和区的电流方程。考虑到各器件是在同一工艺条件下制作的，其本征导电因子 K'_N 相同，阈值电压 VTN 也相同。所以

图 8.1　NMOS 基本电流镜

$$\frac{I_O}{I_r} = \frac{K'_N \cdot (W/L)_2 \cdot (V_{GS} - V_{TN})^2}{K'_N \cdot (W/L)_1 \cdot (V_{GS} - V_{TN})^2} = \frac{(W/L)_2}{(W/L)_1} \tag{8.1}$$

即基本电流镜的输出电流与参考电流之比等于 NMOS 晶体管的宽长比之比。

如果有多个输出支路，如图 8.2 所示。

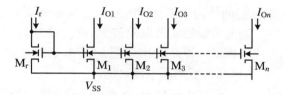

图 8.2　多支路比例电流镜

则各支路电流的比值就等于各 NMOS 晶体管的宽长比之比。

$$I_r : I_{O1} : I_{O2} : I_{O3} : \cdots : I_{On}$$
$$= (W/L)_r : (W/L)_1 : (W/L)_2 : (W/L)_3 : \cdots : (W/L)_n \tag{8.2}$$

由此，在一个模拟集成电路中由一个参考电流以及各成比例的 NMOS 晶体管就可以获得多个支路的电流偏置。

这种简单形式的比例电流镜中的参考支路 NMOS 管和输出支路的 NMOS 管所表现的是两个不同的 I-V 关系，如图 8.3 所示。

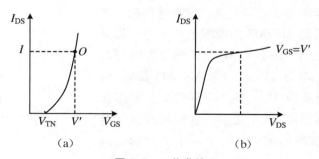

| (a) | (b) |

图 8.3　工作曲线

它们的 V_{GS} 值都是一样的,但 V_{DS} 却不一定相同。参考支路的 NMOS 管的 $V_{DS} = V_{GS}$,它遵循的是平方律的转移曲线,如图 8.3(a)所示,而输出支路的 NMOS 管遵循的却是图 8.3(b)所示的 $I-V$ 关系,是 NMOS 晶体管的输出特性曲线簇中 $V_{GS} = V'$ 的那一根。显然,如果 NMOS 管的输出曲线是理想的情况,即在饱和区的曲线是水平的,则不论输出管的 V_{DS} 如何变化,它的输出电流都不会变化,输出交流电阻无穷大,即理想的恒流源。实际上,因为沟道长度调制效应的存在,曲线是上翘的,因此,当输出支路的 NMOS 管的 V_{DS} 变化时(例如,节点有交流电压输出时),输出电流也将跟着变化,即产生了误差。

从前面有关内容可知,如果沟道长度较大,则沟道长度调制效应的影响较小。因此,我们可采用较长沟道器件作为输出支路的器件。但应注意,当沟道长度变长后,所占用的面积也将随之增加。同时,输出节点的电容将增大,将影响电路的动态性能,因此沟道长度的选择要适度。

2. NMOS 威尔逊电流镜

NMOS 威尔逊电流镜的结构如图 8.4 所示。与 NMOS 基本电流镜相比,威尔逊电流镜的输出电阻较大,这意味着其恒流特性优于基本电流镜。提高输出电阻的基本原理是在 M1 的源极接有 M2 而形成串联电流负反馈。

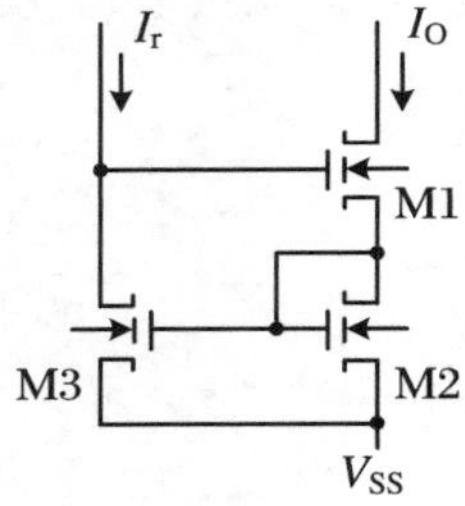

在这个结构中,如果 M1 和 M2 的宽长比相同(其他的器件参数也相同),因为在其中流过的电流相同,则它们的 V_{GS} 必然相同,使 M3 的 $V_{DS} = 2V_{GS2}$,而 M2 的 $V_{DS2} = V_{GS2}$。由于 M2、M3 的源漏电压的差别受到限制,并保持一定的比例不变,使得 I_O 的变化受到 M2 的限制,减小了 M1 的 V_{DS1} 变化所产生的电流误差。

图 8.4　威尔逊电流镜

如果 M1 的宽长比大于 M2 的宽长比,根据萨氏方程,在相同的电流条件下,导电因子 K 大,则所需的 V_{GS} 就比较小,这使得 M3 的 V_{DS3} 减小,进一步缩小了 M2 和 M3 的 V_{DS} 差别,使误差减小。

图 8.5 所示的是威尔逊电流镜的改进结构。增加的 M4 晶体管使 M2、M3 的源漏电压相等。如果 M1 和 M2 的宽长比相同,从 M1、M4 的栅极到 M2、M3 的源极的压差为 $2V_{GS2}$,如果 M4、M3 相同,则 M4 的栅源电压就为 V_{GS2},使 M3 管的源漏电压和 M2 的源漏电压相同,都为 V_{GS2}。这样的改进使参考支路和输出支路的电流以一个几乎不变的比例存在。

NMOS 电流镜所能提供的电流偏置在通常情

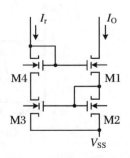

图 8.5　改进型威尔逊电流镜

况下是灌电流,即电流是流入漏极的情况。如果需要的是拉电流,即偏置电流是从 MOS 晶体管的漏极流出,则可采用 PMOS 电流镜。

3. PMOS 电流镜

PMOS 电流镜的结构和工作原理与 NMOS 结构相同。图 8.6 给出了 PMOS 的基本电流镜、威尔逊电流镜和改进型的威尔逊电流镜。

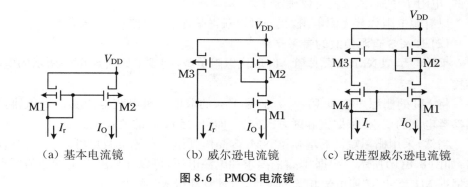

（a）基本电流镜　　　　（b）威尔逊电流镜　　　　（c）改进型威尔逊电流镜

图 8.6　PMOS 电流镜

4. 参考支路电流 I_r

到目前为止,我们尚未讨论参考支路的电流是如何产生的,那么,在电路中如何获得参考支路电流 I_r 呢?

形成参考支路电流的基本原理很简单,只要能够形成对电源(NMOS 电流镜)或对地(PMOS 电流镜)的通路即可。

(1) 简单的电阻负载参考支路

如图 8.7 所示,在 NMOS 电流镜的参考支路对电源串联一个普通的电阻形成电流通路,这个支路的电流就是参考电流。

设计时根据对这个电流大小的要求在图 8.3(a) 的曲线上找到工作点,确定 I_r 和 V_{GS} 的值,并由正、负电源的数值即可计算出电阻的取值。

那么,参考支路的器件尺寸和 I_r 以及 V_{GS} 的值又是如何确定的呢?

因为参考支路的功耗是无功功耗,所以,通常将这个支路的电流设计得比较小,通过各输出支路 NMOS 的尺寸调整各支路的电流。

V_{GS} 的取值依据是确保各输出支路中的 NMOS 管均能始终工作在饱和区。也就是说,输出支路中的 NMOS 的源漏电压,在交流输出信号的负向摆幅达到

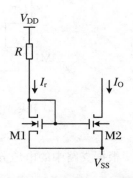

图 8.7　简单的参考电流支路

最大时,仍使 NMOS 晶体管工作在饱和区。

例如,假设在图 8.7 电路中,NMOS 管的阈值电压 V_{TN} 等于 1 V,V_{SS} 等于 -5 V,M2 漏端节点的交流负向摆幅最大达到 -2 V,因此,M2 的 V_{DS} 最小值为 3 V。为保证当 M2 的源漏电压达到最小值时它仍然工作在饱和区,既满足 $V_{DS2} \geqslant V_{GS2} - V_{TN}$,则 V_{GS2} 的值必须小于或等于 4 V。

在确定了 V_{GS} 和 I_r 后,根据饱和区的萨氏方程就可计算出 M1 的宽长比。相应的,电阻 R 的取值也就可以确定了。

以有源电阻代替无源电阻,我们可以获得其他形式的参考支路结构。

(2) NMOS 有源负载的参考支路

采用耗尽型 NMOS 晶体管 M3 取代电阻负载,构成了如图 8.8(a)所示的电路结构。

将 M3 的栅源短接即 $V_{GS} = 0$,根据 V_{GS1} 的取值就可以获得 V_{GS3} 的数值,再根据参考电流的要求,依据饱和区萨氏方程,即可得到 M3 的宽长比。

当然,采用栅漏短接的增强型 NMOS 晶体管作为有源负载也可以同样构造电路,如图 8.8(b)所示。根据 V_{GS1} 的要求和电源电压,可以计算出 V_{GS2} 的数值要求,再根据 M1 尺寸,按照电流相等的条件,可计算获得 M3 的宽长比。

下面我们来分析这两个电路在性能上的差别:

就器件的工作区而言,它们都工作在饱和区,但所对应的特性曲线是不同的,增强型 NMOS 晶体管 M3[图 8.8(b)]对应的是平方律转移特性,耗尽型 NMOS 晶体管 M3[图 8.8(a)]对应的是输出特性曲线簇中 $V_{GS} = 0$ 的那条曲线。

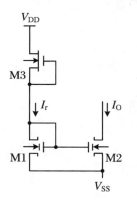　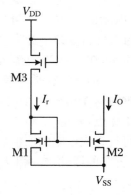

　　(a) 耗尽型负载参考支路　　　　(b) 增强型负载参考支路

图 8.8　NMOS 有源负载的参考支路

根据支路中的电压分配关系,由图 8.8(a)可得:

$$V_{DD} + |V_{SS}| = V_{DS3} + V_{GS1}$$

由图 8.8(b)可得:

$$V_{DD} + |V_{SS}| = V_{GS3} + V_{GS1}$$

对于图 8.8(a)的电路,如果 M3 的沟道长度调制效应比较小,则当 V_{DS3} 变化时,其电流基本保持不变。也就是说,当电源电压发生波动时,这种波动将转变为 V_{DS3} 的变化,只有当 M3 不再满足饱和工作条件时,才会引起电流的波动。

对于图 8.8(b)的电路,电源电压的波动直接转变为两个 NMOS 管的 V_{GS} 的变化,毫无疑问,这将导致参考电流的变化,进而使所有和电源电压成比例关系的支路电流跟着变化。

因此,图 8.8(a)的电路是对电源电压不敏感的电路形式。这个电路的缺点是增加了一种器件类型,工艺较单一但器件较复杂。

(3) PMOS 有源负载的参考支路

在 CMOS 工艺中,我们可以采用 PMOS 晶体管作为有源负载,如图 8.9 所示。其设计和计算方法与增强型 NMOS 有源负载相似,这里不详细讨论了。

如果考虑到负载管上的 V_{GS3} 过大,可以采用在 M3 和 M1 之间再串接一个或多个栅漏短接的增强型 NMOS 管去分摊这个电压。对于图 8.8(b)的结构也可以采用同样的方法加以处理。

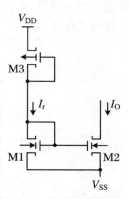

图 8.9　PMOS 负载参考支路

(4) 自举基准电流的结构

如果在电流镜中的参考电流是一个恒流,如图 8.10(a)所示,那么,整个电路中的相关支路电流就获得了稳定不变的基础。

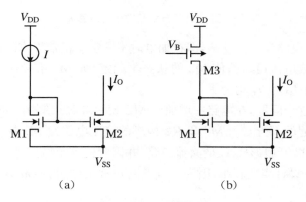

(a)　　　　　　　　　　(b)

图 8.10　恒流基准结构

要获得一个恒流源可以有多种方法,图 8.10(b)的结构是一种简单的形式,通过偏置电压 V_B 使 PMOS 管 M3 工作在饱和区,利用其漏输出电流作为参考电流,当由于某种原因使其漏电位变化时,其输出电流将保持不变。但是,在这个电路中,如果电源电压发生波动而 V_B 不能同幅度变化,则 M3 的 V_{GS} 将发生变化使 M3 漏输出电流发生变化,失去恒流特性。

图 8.11 给出了一种自举基准电流的结构形式。M1、M2、M3 和 $R1$ 组成了一个 NMOS 电流镜,M4、M5 和 M6 组成了 PMOS 电流镜。将 PMOS 电流镜的一个输出支路与 NMOS 电流镜的参考支路相连,同时将 PMOS 的参考支路与 NMOS 电流镜的输出支路相连,构成互为参考结构。这样,这个电路一旦工作就互相为对方提供参考电流。当这个电路的电源电压波动时,由 M2 和 M4 的 V_{DS} 承担波动所产生的变化,以保持电流不变。M3、M6 可以以恒流直接提供电路中的支路静态工作电流。当对 M3 或 M6 并联若干输出支路时,可根据需要提供整个电路中的各支路静态工作电流。

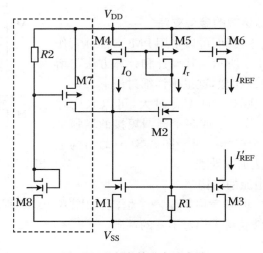

图 8.11　自举基准电流电路

但是,这个电路有一个缺陷,即在加电时不一定能正常工作。这是因为在加电时可能因未形成电流通路而使 M2 的状态不确定,如 M2 不导通又不能提供正常的电流通路,使 I_O 和 I_r 均为零。

为了解决这个问题,在电路中增加了 M7、M8 和 $R2$ 所构成的"启动"电路(图 8.11 中虚线框起的部分),由 M8 和 $R2$ 构成的分压电路给 M7 提供直流偏置使其工作,进而使 M2 开启形成 I_r 的直流通路,并因此使整个电路进入正常工作状态。M7 的尺寸可以设计得比较小,因为一旦电路正常工作后,不希望它的电流对电路产生太大误差。

8.1.2　电压偏置电路

前文虽未介绍电压偏置电路,但实际上,前文中已经用到了电压偏置,如电流镜中的 V_{GS1} 和 PMOS 的偏置电压 V_B。在这一部分将重点介绍各种电压偏置电路的设计。

在模拟集成电路中的电压偏置分为两种类型:通用电压偏置电路和基准电压电路。通用电压偏置电路用于对电路中一些精度要求较低的电路节点施以电压控制;基准电压电路则是作为电压参考点对电路中的某些节点施以控制。

1. 通用电压源

通用电压源是一些简单的电路,按电路要求产生直流电压去控制相关器件的工作状态,一般没有特殊要求。

最简单的电压源是分压电路,它的输出既可以是单点的,也可以是多点的。在电子线路中常采用电阻分压电路作为电压偏置的发生电路,在模拟集成电路中则常采用有源电阻作为分压电路的基本单元。图 8.12 给出了 NMOS 的分压器电路和 CMOS 的分压器电路。

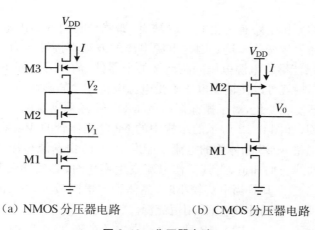

(a) NMOS 分压器电路   (b) CMOS 分压器电路

图 8.12　分压器电路

无论是 NMOS 结构还是 CMOS 结构,从电源通过分压电路流向地的电流对支路中的每个晶体管都是相同的,通常不必考虑从电压输出节点流出的电流对分压值的影响。这是因为在 MOS 电路中的 MOS 晶体管是绝缘栅输入,它不需要静态偏置电流,这是 MOS 电路与双极型电路所不同的一个重要特性。为减小无功损耗,分压器中的电流通常都设计得比较小。

对于 NMOS 分压器,各 NMOS 晶体管的本征导电因子 K'_N 都是相同的,并且阈值电压 V_{TN} 也是相同的。因此,如果电流一定,在这个电路中的每个晶体管的分压值 V_{GS} 就只取决于晶体管的宽长比 (W/L)。

从饱和区萨氏方程可得到:

$$V_{GS} = V_{TN} + \sqrt{\frac{I}{K'_N(W/L)}} \tag{8.3}$$

由图 8.12(a),可得:

$$V_1 = V_{GS1}, \quad V_2 = V_{GS1} + V_{GS2}$$

图 8.12(b) 是一个 CMOS 的分压器结构，它的分压原理与 NMOS 没有什么区别，它的 V_0，如图 8.12(b) 中的 V_0 也可用上式计算。如果是多节点的分压电路，通常还是以 NMOS 为主要分压元件。

同样的，采用 PMOS 也可以构造分压电路，其基本结构与 NMOS 相似，也可将 PMOS 晶体管接成栅漏短接的形式。计算 PMOS 的 V_{GS} 的公式为

$$V_{GS} = V_{TP} - \sqrt{\frac{I}{K'_P(W/L)}} \tag{8.4}$$

要注意的是，这里的 V_{GS} 和 V_{TP} 都是负值。

在采用上面所介绍的公式中，只要给出了输出电压的要求和电流设定，就可以算出 MOS 晶体管的宽长比。

除了以上介绍的分压器结构外，还可以有其他形式的分压器结构，这里就不一一介绍了。

上面简单的分压电路有一个共同的缺点，那就是它们的输出电压值会随着电源电压的变化而发生变化。这是因为电源电压的波动直接转变为 MOS 晶体管的 V_{GS} 的变化，如果能够将电源电压的波动被某个器件"消化"掉，而不对担当电压输出的 V_{GS} 产生影响就可以使输出电压不受电源电压波动的影响。

要使 V_{GS} 不发生变化，对于栅漏短接的 MOS 管必须满足两个条件：一是 V_{GS} 不能被直接作用，如图 8.12 所示的结构中的 MOS 晶体管的 V_{GS} 就直接受到电源电压的作用。二是 MOS 晶体管的电流不能发生变化，由栅源短接的 MOS 晶体管的平方律转移曲线我们知道，当其工作电流发生变化时，必然导致其 V_{GS} 变化，尤其是当电流较小时，晶体管的电阻较大，V_{GS} 的变化也较大。因此，应当采用恒流源。

图 8.13 是一个简单电路的形式，电路中的 M2 是一个耗尽型 NMOS 管，它的栅源短接并且工作在饱和区，如果 M2 的沟道长度调制效应比较小，则当 V_{DS2} 变化时，其电流基本保持不变。也就是说，当电源电压发生波动时，这种波动将转变为 V_{DS2} 的变化，只有当 M2 不再满足饱和工作条件时，才会引起电流的波动。由于 M2"消化"了电源的波动，并且提供了恒流，使电压 V 输出稳定。

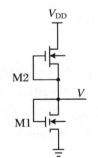

图 8.13　简单电路

利用稳压管的输出特性同样可以得到稳定的电压输出。稳压管的符号和伏-安特性如图 8.14 所示。

在 MOS 模拟集成电路中的稳压管可以采用 PN^+ 结构和 P^+N^+ 结构制作，其中，PN^+ 结构的稳压值 V_Z 在 6.5～7.5 V，P^+N^+ 结构的稳压值 V_Z 在 4.5 V 左右，在实际设计中用得较多的是 PN^+ 结构。从稳压管的输出特性曲线可以看出，当电流在一定范围内波动时，它的输出电压变化很小。从这一点我们又得到了一个器件的电阻特性：稳压管具有直流电阻大于交流电阻的特性。当然，当稳压管正向运

用的时候,它就是一个普通的二极管,它的正向特性也表现为直流电阻大于交流电阻。

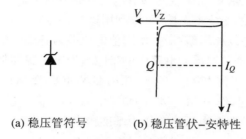

(a) 稳压管符号   (b) 稳压管伏-安特性

图 8.14 稳压管特性

利用稳压管构造电压偏置电路的基本结构非常简单,图 8.15 给出了电阻和稳压管串联的电路结构和采用有源负载结构的电路形式。

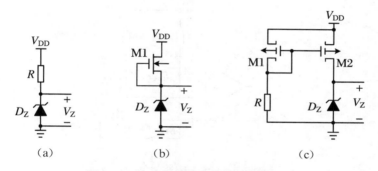

图 8.15 由稳压管构造的电压偏置电路

采用稳压管构造的简单的电压偏置电路的缺点是它的输出电压值的可调整性较差,在一个确定的工艺条件下,V_Z 的值是一定的,这是因为 V_Z 的值和掺杂浓度相关。这个电路的另一个缺点是电路所具有的温度特性较差。所谓温度特性是指电路的输出电压随着工作环境温度的变化而发生变化的特性。

2. 基准电压源

理想的基准电压源,要求它不仅有精确稳定的电压输出值,而且具有低的温度系数。温度系数是指输出电参量随温度的变化量,温度系数可以是正的,也可以是负的,正温度系数表示输出电参量随温度上升而数值变大,负温度系数则相反。

要使输出电参量的温度系数小,自然会想到利用具有正温度系数的器件和具有负温度系数的器件进行适当的组合,以实现温度补偿,得到低温度系数甚至零温度系数的电路结构。但遗憾的是,在 MOS 电路中,器件的选择有限,而且基本器件参数及工艺参数与温度参数有强烈的依从关系,使温度补偿较之双极型电路更困难。但在实践中已设计出全 MOS 的电压基准电路,这里将简单地介绍其基本结构,说明温度补偿的原理,不进行冗长的推导和计算。

(1) E/D NMOS 基准电压源

增强型和耗尽型 MOS 晶体管的阈值电压具有非常类似的负温度系数。因此,它们的电压差对温度的变化不敏感,可以利用这个特点制造温度稳定的电压基准。

图 8.16 所示的是以耗尽型/增强型阈值电压差为基础的电压基准电路的原理图。该电路的工作原理与双极型电路中的带隙基准电压源类似。假设电路中的增强型 NMOS 管 M1 的阈值电压为 V_{TNE},耗尽型 NMOS 管 M2 的阈值电压为 V_{TND},并假定 $R1$、$R2$ 相匹配,作为 M1、M2 的负载。A 是一高增益放大器,构成负反馈工作方式。M1、M2 的栅源电压之差作为基准输出电压,即

$$V_{\mathrm{REF}} = A(V_{\mathrm{D1}} - V_{\mathrm{D2}}) = V_{\mathrm{GSE}} - V_{\mathrm{GSD}} \tag{8.5}$$

式中,V_{D1}、V_{D2} 分别为 M1、M2 的漏极电位,A 为放大器的电压增益,V_{GSE} 为增强型器件 M1 的栅源电压,V_{GSD} 为耗尽型器件 M2 的栅源电压。

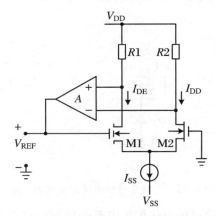

图 8.16　E/D NMOS 基准电压源原理图

在工作过程中,若某种原因引起 V_{D1} 上升,将会引起 V_{REF} 上升,并因此使 I_{DE} 上升,迫使 V_{D1} 下降,保证 V_{REF} 的稳定。

设计该电路的 M1、M2 工作在饱和区,并且 $I_{\mathrm{DE}} = I_{\mathrm{DD}} = I_{\mathrm{D}}$。按照饱和区方程可得:

$$V_{\mathrm{REF}} = (V_{\mathrm{TNE}} - V_{\mathrm{TND}}) + \sqrt{\frac{I_{\mathrm{D}}}{K_{\mathrm{E}}}} - \sqrt{\frac{I_{\mathrm{D}}}{K_{\mathrm{D}}}} \tag{8.6}$$

式中,K_{E} 是增强型 NMOS 管的导电因子,等于 $\dfrac{\mu_{\mathrm{E}} C_{\mathrm{OX}}}{2}(W/L)_1$,$K_{\mathrm{D}}$ 是耗尽型 NMOS 管的导电因子,等于 $\dfrac{\mu_{\mathrm{D}} C_{\mathrm{OX}}}{2}(W/L)_2$,$\mu_{\mathrm{E}}$ 是增强型 NMOS 管的电子迁移率,μ_{D} 是耗尽型 NMOS 管的电子迁移率。

V_{REF} 随温度的变化为

$$\frac{\partial V_{\text{REF}}}{\partial T} = \frac{\partial}{\partial T}(V_{\text{TNE}} - V_{\text{TND}}) + \frac{1}{2\sqrt{I_\text{D}}}\left(\frac{1}{\sqrt{K_\text{E}}} - \frac{1}{\sqrt{K_\text{D}}}\right)\frac{\partial I_\text{D}}{\partial T}$$

$$+ \frac{\sqrt{I_\text{D}}}{2}\left(\frac{1}{\sqrt{K_\text{D}}}\frac{1}{\mu_\text{D}}\frac{\partial \mu_\text{D}}{\partial T} - \frac{1}{\sqrt{K_\text{E}}}\frac{1}{\mu_\text{E}}\frac{\partial \mu_\text{E}}{\partial T}\right) \tag{8.7}$$

即 V_{REF} 的温度系数取决于三个因素：M1、M2 的阈值电压之差的温度系数，M1、M2 的漏极电流 I_D 的温度系数，沟道电子迁移率的温度系数。

近似计算的结果表明：在低温范围，影响温度稳定性的主要因素是迁移率的温度系数，这时 V_{REF} 的温度系数是正的；在高温范围内，影响 V_{REF} 的温度稳定性的主要因素是阈值电压差的温度系数，V_{REF} 的温度系数是负的；在室温附近，V_{REF} 的温度系数比较小。

(2) CMOS 基准电压源

当 MOS 器件在极小的电流下工作时，栅极下方呈现的沟道相当薄并且包含的自由载流子非常少。器件的这一工作区域被称为弱反型或亚阈值区。工作在亚阈值区的 NMOS 晶体管，当漏源电压大于几个热电势 $V_\text{t}(= kT/q)$ 时，其电流可以表示为

$$I_{\text{DS}} = B\left(\frac{W}{L}\right)\exp\left[\frac{q(V_{\text{GS}} - V_{\text{TN}})}{nkT}\right] \tag{8.8}$$

式中，B 为常数，n 为工艺所决定的参数，具有正温度系数，约为 1500 ppm/℃。由此式，我们可以得到：

$$V_{\text{GS}} = \frac{nkT}{q}\ln\left[\frac{I_{\text{DS}}}{B(W/L)}\right] + V_{\text{TN}} \tag{8.9}$$

利用图 8.17(a)所示的结构，我们可以得到具有正温度系数的 ΔV：

$$\Delta V = V_{\text{GS1}} - V_{\text{GS2}} = \frac{nkT}{q}\ln\left[\frac{I_{\text{DS1}} \cdot (W/L)_2}{I_{\text{DS2}} \cdot (W/L)_1}\right] \tag{8.10}$$

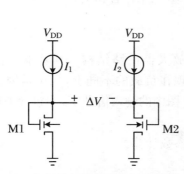

(a) 电压差与温度成比例的结构

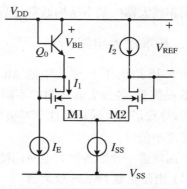

(b) 温度补偿 CMOS 基准电压电路

图 8.17　CMOS 基准电压源

这是一个正温漂源，如果有一个负温漂源与它相抵消，则可得到低温漂的电压

基准。图 8.17(b)给出了一个电路结构,这里的负温漂源是 V_{BE},V_{BE} 的温度系数为 $-2\,mV/℃$。图中的 NPN 晶体管是由 CMOS 结构中的 N^+ 掺杂区(NMOS 的源漏掺杂)作为发射区,P 阱为基区,N 型衬底为集电区的寄生双极型晶体管。

如果 M1、M2 的尺寸相同,则为获得 ΔV,必须使它们的 V_{GS} 不同即电流不相同。由电路结构可以得到:

$$V_{REF} = V_{BE} + \Delta V = V_{BE} + \frac{nkT}{q}\ln\left(\frac{I_{DS1}}{I_{DS2}}\right) \qquad (8.11)$$

由这个公式,依据具体工艺得到的 n 和温度系数,设计 I_{DS1}/I_{DS2} 的比值,可以得到低温度系数的基准电压,甚至零温度系数的基准电压。

8.2 放 大 电 路

放大器是模拟集成电路的基本信号放大单元。在模拟集成电路中的放大电路有多种形式,其基本构成包括放大器件(有时又称为工作管)和负载器件。放大电路的设计主要有两个内容:电路的结构设计和器件的尺寸设计。电路的结构设计是根据功能和性能要求,利用基本的积木单元适当地连接和组合,构造电路的结构,通过器件的设计实现所需的性能参数。这个过程可能需要经过不断地修正电路结构和器件参数,最后获得符合要求的电路单元。

在本节中介绍的放大电路主要是线性、小信号应用电路。

8.2.1 倒相放大器

倒相放大器的基本结构通常是漏输出的 MOS 工作管和负载的串联结构。

1. 基本放大电路

图 8.18 给出了 6 种常用的 MOS 倒相放大器电路结构。其基本工作管是 NMOS 晶体管,各放大器之间的不同主要表现在负载的不同上,也正是因为负载的不同,导致了其在输出特性上有很大区别。图中的输入信号 V_{in} 中包含了直流偏置和交流小信号。

下面将逐一介绍各放大电路的特性及其参数计算。

(1) 电阻负载 NMOS 放大器

以电阻作为放大器的负载是电子线路中普遍采用的结构,如图 8.18(a)所示。它的电压增益 A_V 为

$$A_V = -g_{m1}(R_L /\!/ r_o) \qquad (8.12)$$

式 8.12 中，g_{m1} 是 NMOS 管 M1 饱和区的跨导，r_o 是 M1 的输出电阻。显然，要增大放大器的电压增益必须加大 R_L 的电阻值。但是，加大 R_L 将使直流电压损失过大。所以，采用电阻负载的放大器的增益提高比较困难。

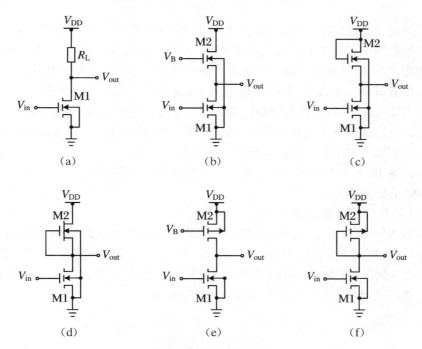

图 8.18 基本放大电路

(2) E/E NMOS 放大器

E/E NMOS 放大器有两种结构形式，如图 8.18(b) 和 (c) 所示。

对于图 8.18(b) 所示结构，通过直流偏置电压 V_B 使 M2 工作在饱和区。E/E NMOS 放大器的电压增益 A_{VE} 为

$$A_{VE} = -g_{m1}(r_{o1} /\!/ r_{o2}) \tag{8.13}$$

式中，r_{o1} 是 M1 的输出电阻，对应的是 M1 工作在饱和区的交流输出电阻，理想情况下它是无穷大的。r_{o2} 是 M2 的输出电阻，对应的是 M2 工作在饱和区的交流输出电阻，它的电阻要远小于 r_{o1}。

分析 M2 的工作就可知道，M2 的工作曲线对应的是平方律的转移曲线。因为 M2 的栅和漏都是固定电位，当交流输入信号使放大器的输出 V_{out} 上下摆动时，M2 的源极电位也跟着上下摆动，使 M2 的 V_{GS} 和 V_{DS} 产生同幅度的变化，即 $\Delta V_{GS} = \Delta V_{DS}$。这里的 r_{o2} 是从 M2 源极看进去的等效电阻，其阻值远比 r_{o1} 小，因此，$r_{o1} /\!/ r_{o2} \approx r_{o2}$。而 $r_{o2} = 1/g_{m2}$，得到：

$$A_{VE} \approx -g_{m1} \cdot r_{o2} = -\frac{g_{m1}}{g_{m2}} \tag{8.14}$$

考虑到 M1、M2 有相同的工艺参数和工作电流,跨导比就等于器件的宽长比之比,即

$$A_{VE} \approx -\frac{g_{m1}}{g_{m2}} = -\sqrt{\frac{(W/L)_1}{(W/L)_2}} \tag{8.15}$$

要提高放大器的电压增益,就必须增加工作管和负载管的尺寸的比值。

观察电路中各器件的工作点,可以知道,对于负载管 M2,因为它的源极和衬底没有相连,当它的源极电位随信号变化而变化时,M2 的 V_{BS} 也跟着变化,即 M2 存在衬底偏置效应。那么,这个衬底偏置效应又是如何作用于器件的呢?

在直流状态下,衬底偏置效应使 M2 的实际阈值电压提高,导致它的工作点发生偏离。在设计中应注意这种偏离,加以修正。更为严重的是,衬底偏置效应导致 M2 的交流等效电阻发生变化,而使电压增益发生变化。

与图 8.18(b)的结构相比,它省去了一个静态电压偏置 V_B,但也因此而减弱了对 M2 的控制能力。

(3) E/D NMOS 放大器

E/D NMOS 放大器电路如图 8.18(d)所示。因为耗尽型 NMOS 负载管 M2 的栅源短接,所以不论输出的 V_{out} 如何变化,M2 的 V_{GS} 都保持零值不变。但由于存在衬底偏置效应,沟道的电阻将受到它的影响。放大器的交流电阻将主要由衬底偏置效应决定,E/D NMOS 放大器的电压增益为

$$A_{VD} = -g_{m1} r_B = -\frac{g_{m1}}{g_{mB2}} = -\frac{1}{\lambda_B} \cdot \frac{g_{m1}}{g_{m2}} = -\frac{1}{\lambda_B} \sqrt{\frac{(W/L)_1}{(W/L)_2}} \tag{8.16}$$

以耗尽型 NMOS 晶体管作为负载的 NMOS 放大器的电压增益大于以增强型 NMOS 晶体管作为负载的放大器。但两者有一个共同点:减小衬底偏置效应的作用将有利于电压增益的提高。对于 E/D NMOS 放大器,如果衬底偏置效应的作用减小,则 λ_B 将减小;当 λ_B 趋于零时,放大器的电压增益将趋于无穷大。这是因为当不考虑衬底偏置效应时,如前所述,M2 提供的是恒流源负载,其理想的交流电阻等于无穷大。

(4) PMOS 负载放大器

以增强型 PMOS 晶体管作为倒相放大器的负载所构成的电路结构如图 8.18(e)和(f)所示,这样的结构是以 CMOS 技术作为技术基础的。由于 PMOS 管是衬底和源极短接,这样的电路结构不存在衬底偏置效应。图 8.18(e)和图 8.18(f)的电路结构差别在于 PMOS 晶体管是否接有固定偏置,但也正是因此而使它们在性能上产生了较大的差别。

图 8.18(e)电路的 PMOS 管由固定偏置电压 V_B 确定其直流工作点,当输出电压 V_{out} 上下摆动时,只要 PMOS 管 M2 仍工作在饱和区,其漏输出电流就可以保持不变。考虑到沟道长度调制效应的作用,M1 和 M2 的交流输出电阻为有限值。

在亚阈值区的 MOS 晶体管的跨导和工作电流的关系不再是平方根关系,而是

线性关系。在 CMOS 结构中减小沟道长度调制效应可以提高增益，也就是说，采用的恒流源负载的恒流效果越好，放大器的电压增益将越大。

那么，图 8.18(f)所示的电路结构情况是否和图 8.18(e)一样呢？回答是否定的。

由于 M2 的栅漏短接，V_{out} 的变化直接转换为 M2 管的 V_{GS} 的变化，使 M2 的电流发生变化。所以，M2 不是恒流源负载，M2 所遵循的是平方律的转移函数关系。其电压增益的分析类似于图 8.18(c)中 E/E NMOS 电路的情况。但与 E/E NMOS 相比，它的负载管不存在衬底偏置效应。电压增益为

$$A_V = -\frac{g_{m1}}{g_{m2}} = -\sqrt{\frac{\mu_n (W/L)_1}{\mu_p (W/L)_2}} \tag{8.17}$$

因为电子迁移率 μ_n 大于空穴迁移率 μ_p，所以，与不考虑衬底偏置时的 E/E NMOS 放大器相比，即使是各晶体管尺寸相同，以栅漏短接的 PMOS 为负载的放大器的电压增益大于 E/E NMOS 放大器。如果考虑实际存在的衬底偏置效应的影响，这种差别将更大。

通过对以上基本放大器的电压增益进行分析，我们可以总结如下，要提高基本放大器的电压增益，可以从以下几个方面入手：

① 提高工作管的跨导，最简单的方法是增加它的宽长比。

② 减小衬底偏置效应的影响。

③ 采用恒流源负载结构。

作为基本放大器的另两个重要参数是输入电阻和输出电阻。对于 MOS 放大器，其输入电阻是无穷大的。对于输出电阻，在前面的分析中已经对其进行了讨论，它等于工作管与负载管的输出电阻的并联，这里不再一一列举。

2. 基本放大器的改进

(1) 消除衬底偏置效应的 E/D NMOS 放大电路

如图 8.18(d)所示的 E/D NMOS 放大器中，由于耗尽型 NMOS 管的衬底偏置效应使放大器的电压增益下降。修改后的电路结构如图 8.19 所示，用虚线框起来的晶体管组合构成电路的负载。M3、M4 组成的附加电路用以消除衬底偏置效应的影响，其中流过的电流 I_X 远小于工作的正常电流 I_D。

消除衬底偏置效应影响的工作原理如下：当输出电压 V_{out} 向正向摆动时，衬底偏置效应的作用使得 M2 的电流减小，但同时衬底偏置效应也使 M4 的沟道电阻变大，使得 V_{DS4} 增加，从而使

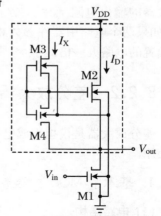

图 8.19　消除衬底偏置效应的电路

M2 的栅源电压增加,并导致 M2 的电流增加,部分地消除了衬底偏置效应的影响。

　　为节约面积,通常将 M3、M4 的宽长比设计得比较小。这个电路的缺点是缩小了放大器的动态输出范围,它的正向最大值以 M3 退出饱和为极限。当 M3 的漏源电压和它的阈值电压的数值相同时,M3 退出饱和,其电流急剧减小,M4 趋于截止,它对 M2 的自举作用消失。放大器的输出电压的正向最大值约为电源电压减除 M3 和 M4 的阈值电压值的数值。

　　图 8.19 中用虚线框起来的器件组合部分,可以作为提高耗尽型负载交流电阻的子电路,应用在电路设计中。

(2) CMOS 推挽放大器

　　CMOS 推挽放大器仍然采用一对 MOS 晶体管作为基本单元,如图 8.20 所示,在输入信号 V_{in} 中包括了直流电压偏置 V_{GS} 和交流小信号 v_i。

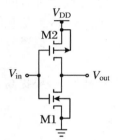

图 8.20　CMOS 推挽放大器

　　与图 8.18 中所示的 CMOS 电路结构不同的是,它的结构与 CMOS 数字集成电路中的倒相器完全一样,输入的交流小信号 v_i 同时作用在两个晶体管上。因为两管的沟道不同,所以两管的电流方向相反,放大器的输出电流为两管的电流之和。M1 的输出交流电流等于 $g_{m1} \cdot v_i$,M2 的输出交流电流等于 $g_{m2} \cdot v_i$。放大器的输出电压等于:

$$(g_{m1} \cdot v_i + g_{m2} \cdot v_i) \cdot (r_{o1} /\!/ r_{o2}) \tag{8.18}$$

放大器的电压增益为

$$A_V = \frac{v_0}{v_i} = -\frac{(g_{m1} \cdot v_i + g_{m2} \cdot v_i)}{v_i} \cdot (r_{o1} /\!/ r_{o2}) \tag{8.19}$$

如果通过设计使 M1 和 M2 的跨导相同,即 $g_{m1} = g_{m2} = g_m$,则有

$$A_V = -2g_m(r_{o1} /\!/ r_{o2}) \tag{8.20}$$

放大器的输出电阻 $r_o = r_{o1} /\!/ r_{o2}$,与图 8.18(e)所示的固定栅电压偏置的电路相同,如果两个电路中器件参数相同,则 CMOS 推挽放大器的电压增益比固定栅电压偏置的电路大一倍。

8.2.2　差分放大器

　　差分放大器是模拟集成电路的重要单元,通常将它作为模拟集成电路的输入级使用。

1. 基本的 MOS 差分放大器

(1) 电路结构

MOS 差分放大器的电路结构如图 8.21 所示。其中,图 8.21(a)给出的是以

NMOS 晶体管作为差分对管的电路结构,图 8.21(b)给出的是以 PMOS 晶体管作为差分对管的电路结构。电路中的负载可以是各种形式,通常为有源负载。M5 被偏置在饱和区,作为另一个负载,它提供恒流 I_{SS}。这个恒流源接在差分对管的源端,构成对共模信号的负反馈,抑制差分放大器的共模信号放大能力。在静态条件下,即输入的差模电压为零时,差分放大器两个支路的电流相等,输出电压差 $V_{D1} - V_{D2}$ 等于零。

差分放大器的主要任务是放大差模信号,抑制共模信号。

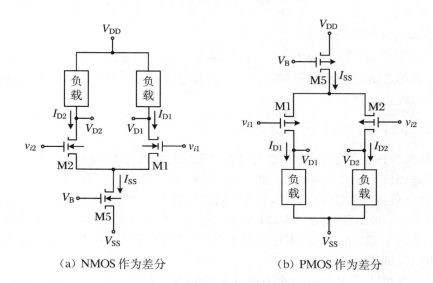

（a）NMOS 作为差分　　　　　　（b）PMOS 作为差分

图 8.21　MOS 差分放大器结构

(2) 电流-电压特性

差分对管是完全匹配的一对同种 MOS 晶体管,它们具有相同的电学参数和几何参数,在电路上构成共源结构。下面以 NMOS 差分对管结构的放大器为对象,分析差分放大器电路在差模输入情况下的电流-电压特性。

因为匹配,所以有 $V_{TN1} = V_{TN2} = V_{TN}$,$K_1 = K_2 = K = K'_N(W/L)$。器件都工作在饱和区,它们的电流关系为

$$I_{D1} = K \cdot (V_{GS1} - V_{TN})^2, \quad I_{D2} = K \cdot (V_{GS2} - V_{TN})^2, \quad I_{SS} = I_{D1} + I_{D2}$$

输入的差模电压为

$$\Delta V_I = V_{GS1} - V_{GS2}$$

在差模电压下产生的差模电流为

$$\Delta I_D = I_{D1} - I_{D2}$$

由以上三组关系,经数学推导,可得到如下的电流-电压方程:

$$\Delta I_D \approx K \cdot \Delta V_I \cdot \sqrt{\frac{2I_{SS}}{K} - \Delta V_I^2} \tag{8.21}$$

当输入的差模电压比较小时,忽略二次项,差模电流与差模电压近似地为线性关系。当差模电压达到 $\pm\sqrt{I_{SS}/K}$ 时,$\Delta I_D = I_{SS}$,即差分对的差模电流达到了下负载的恒流源电流,这时,再增加差模电压,差模电流将不再变化。

(3) MOS 差分放大器的跨导

按照放大器跨导的定义,可得:

$$G_M = \frac{\partial(\Delta I_D)}{\partial(\Delta V_I)} = K\sqrt{\frac{2I_{SS}}{K} - \Delta V_I^2} - K\frac{\Delta V_I^2}{\sqrt{\frac{2I_{SS}}{K} - \Delta V_I^2}} \quad (8.22)$$

当 $\Delta V_I \to 0$ 时,可得:

$$G_M \approx \sqrt{2KI_{SS}} = \sqrt{\mu_n C_{OX}(W/L)I_{SS}} = g_{m1} = g_{m2} \quad (8.23)$$

即当输入的差模信号幅度很小时,差分放大器的跨导就等于差分对管中的 NMOS 管单管的跨导。

2. MOS 差分放大器的负载形式

MOS 差分放大器的负载形式与基本放大器的负载形式有相似之处,主要的区别在于差分放大器的负载是成对的结构,与差分对管一样,它们通常也是匹配形式,即两个负载器件是同种器件,具有相同的电学参数和几何参数。差分放大器的负载通常是有源负载,对于 NMOS 差分对管的差分放大器,其负载可以是增强型 NMOS 有源负载、耗尽型 NMOS 有源负载、互补型有源负载(PMOS 恒流源负载)以及电流镜负载。

这里将对以 NMOS 晶体管为差分对管的差分放大器电路进行分析,对于以 PMOS 晶体管为差分对管的电路结构有类似的结构和分析。

图 8.22 给出了常见的几种不同负载形式的 MOS 差分放大器电路的结构。

(1) 增强型 NMOS 有源负载结构

增强型 NMOS 晶体管作为 MOS 差分放大器的有源负载的电路结构如图 8.22(a)所示。

加在差分放大器输入端的差模电压 $v_{i1} - v_{i2} = v_{id}$ 作用在 M1 和 M2 的栅源之间,如果 M1 的栅源信号电压为 $v_{GS1} = v_{id}/2$,则 M2 的栅源信号电压为 $v_{GS2} = -v_{id}/2$。因为信号对称,M1 和 M2 的源极电位不会随着差模输入的幅值变化而变化,也就是说,对于差模输入,M1、M2 的源极是交流地。

考察差分放大器的 M1、M3 支路,因为 M1 源极位于交流地,所以 M1、M3 支路的交流放大特性和 E/E NMOS 基本放大器相同。考虑到该支路只对差模输入信号的一半进行了放大($v_{GS1} = v_{id}/2$),因此其交流输出 v_{d1} 为

$$v_{d1} = A_{VE} \cdot \frac{v_{id}}{2} \quad (8.24)$$

式中,A_{VE} 是 E/E NMOS 放大器的电压增益。同理,对于 M2、M4 支路,可知:

$$v_{d2} = A_{VE} \cdot \frac{v_{id}}{2} \tag{8.25}$$

因此,只有同时从差分放大器的两个支路取出电压信号,才是差模信号完整的放大信号。这时,差模输出为

$$v_{od} = A_{VE} \cdot v_{id} \tag{8.26}$$

现在,我们来考虑衬底偏置效应的问题。毫无疑问,M1、M2、M3 和 M4 都存在衬底偏置,因为它们的源极电位和衬底电位不同,这将导致 M1~M4 的实际阈值电压偏离标称值。但是,对于差模输入,M1、M2 的源极电位不变(交流地),只有负载管 M3、M4 的衬底偏置电压随差模输入而变化,从而导致 M3、M4 的交流电阻受衬底偏置效应的调制。

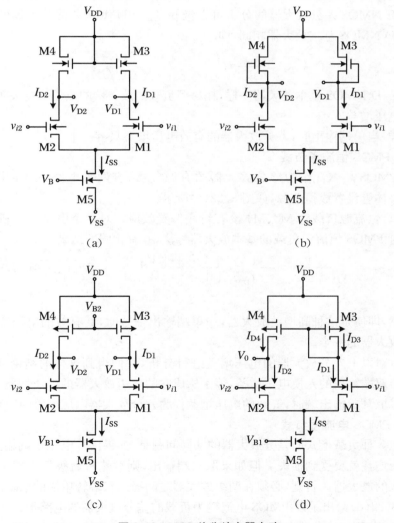

图 8.22　MOS 差分放大器电路

　　由此,我们得出结论,E/E NMOS 差分放大器的电压增益与 E/E NMOS 基本放大器相同。即 E/E NMOS 差分放大器的电压增益为

$$A_{VEd} = \frac{v_{d2} - v_{d1}}{v_{i1} - v_{i2}} = \frac{1}{1 + \lambda_B} \sqrt{\frac{(W/L)_1}{(W/L)_3}} \tag{8.27}$$

式中,$\lambda_B = g_{mB3} / g_{m1}$。

　　如果信号单端输出,则电压增益只有一半。同时,对于单端输出,我们必须考虑差分放大器的电压极性。如果是 v_{d1} 输出,输入端 v_{i1} 是反相输入端,v_{i2} 是同相输入端;如果是 v_{d2} 输出,输入端 v_{i2} 是反向输入端,v_{i1} 是同相输入端。

(2) 耗尽型 NMOS 有源负载结构

　　以耗尽型 NMOS 晶体管作为差分放大器的负载,其电路如图 8.22(b)所示。从对 E/E NMOS 差分放大器的分析可以推知,E/D NMOS 差分放大器的电压增益和 E/D NMOS 基本放大器相同,即

$$A_{VDd} = \frac{v_{d2} - v_{d1}}{v_{i1} - v_{i2}} = \frac{1}{\lambda_B} \cdot \sqrt{\frac{(W/L)_1}{(W/L)_3}} \tag{8.28}$$

　　与 E/D NMOS 基本放大器一样,耗尽型负载的放大器的电压增益大于增强型负载的电压增益。

　　同样,当单端输出时,差分放大器的有效电压增益只有一半。

(3) PMOS 恒流源负载

　　以 PMOS 晶体管作为差分放大器的有源负载,有两种电路形式,其一是将 PMOS 晶体管设置成恒流源,如图 8.22(c)所示。

　　这里,恒流源负载管 M3、M4 没有衬底偏置效应。对这个电路的分析仍然可以借用对 PMOS 恒流源负载的基本放大器方法,并有相同的结果。

$$A_{VCd} = \frac{v_{d2} - v_{d1}}{v_{i1} - v_{i2}} = \frac{1}{\sqrt{I_{D1}}} \cdot \frac{|V_{A1}| \cdot |V_{A3}|}{|V_{A1}| + |V_{A3}|} \cdot \sqrt{2\mu_n C_{OX} (W/L)_1}$$

$$\tag{8.29}$$

　　当然,即使是这种高增益放大器,当单端输出信号时,其有效的电压增益也仅为差分放大器的一半。

　　通过对以上差分放大器的电压增益进行分析,我们得到这样的结论:MOS 差分放大器双端输出的差模电压增益,等于构成它的单边放大器的电压增益;当输出电压信号取其单输出端时,等效的电压增益仅为差分放大器电压增益的一半。

(4) PMOS 电流镜负载

　　以上 3 种负载形式的差分放大器的共同问题是,如果信号电压单端输出,放大器的电压增益就要受到损失。但如果取双端输出,则意味着后级放大器也必须是双端输入的放大器。否则,必须在两级放大器之间插入双端转单端的电路。

　　图 8.22(d)给出了以 PMOS 电流镜为负载的差分放大器的电路形式。由于采用电流镜,在差分放大器中就完成了双端转单端的功能,其特点是采用单端电压输

出而不损失电压增益。

由电流镜完成双转单的工作原理分析如下：

当差模输入信号电压使 $v_{GS1} = v_{id}/2$，$v_{GS2} = -v_{id}/2$ 时，在差分对管中产生变化电流，因为电路对称且匹配，所以改变的电流的数值是相同的，M1 电流增加 ΔI_D，M2 电流减少 ΔI_D，即产生 $-\Delta I_D$。M1 连接的是电流镜的参考支路，这使得电流镜的参考电流也增加了 ΔI_D，并因此使电流镜的输出支路电流增加 ΔI_D。同时，M2 减少了对电流镜的电流要求（$-\Delta I_D$），由电流镜输出支路流出的多余电流 $2\Delta I_D$ 流出输出节点，供给外部负载（图中未画出）。反之，如果差模输入电压使 M1 减少电流 ΔI_D，即产生 $-\Delta I_D$，M2 增加电流 ΔI_D。电流镜的参考支路电流减少 ΔI_D，导致电流镜输出支路的电流供给能力减少 ΔI_D，而此时 M2 要求的电流增加 ΔI_D，那么，这时 $2\Delta I_D$ 只能通过对外部负载的电流抽取获得，即差分放大器的输出电流变化为 $-2\Delta I_D$。

以电流镜做负载的差分放大器电路是模拟集成电路中的常见结构。它的电压增益推导如下：

在平衡点（$v_{id} \to 0$）附近，差分放大器的跨导 $G_M = \sqrt{2K_N I_{SS}}$，M1、M3（M2、M4）的输出电阻为 $r_{o1} = \dfrac{|V_{A1}|}{I_{D1}} = \dfrac{2|V_{A1}|}{I_{SS}}$ 和 $r_{o3} = \dfrac{|V_{A3}|}{I_{D3}} = \dfrac{2|V_{A3}|}{I_{SS}}$，差分放大器的电压增益为

$$
\begin{aligned}
A_{VCd} &= G_M(r_{o1} /\!/ r_{o3}) = \sqrt{\frac{2K_N}{I_{SS}}} \cdot \frac{2 \cdot |V_{A1}| \cdot |V_{A3}|}{|V_{A1}| + |V_{A3}|} \\
&= 2 \cdot \frac{1}{\sqrt{I_{SS}}} \cdot \frac{|V_{A1}| \cdot |V_{A3}|}{|V_{A1}| + |V_{A3}|} \cdot \sqrt{\mu_n C_{OX}(W/L)_1} \quad (8.30)
\end{aligned}
$$

电路中的 M1 的栅输入端为差分放大器的同相输入端，M2 的栅输入端为差分放大器的反相输入端。

8.2.3　源极跟随器

前面介绍的各种放大器都是倒相放大器，其共同特点是信号电压输出是在工作管的漏极。与双极型电路中的射极跟随器一样，MOS 电路也有同相输出的电路结构，MOS 工作管的源极输出信号跟随输入信号。这样的电路称为源极跟随器，具有输入阻抗高，输出阻抗低，电压增益接近于 1（小于 1）的特点。源极跟随器电路及其变化形式的电路在 MOS 模拟集成电路中有广泛应用。

图 8.23 给出了 2 种 E/E NMOS 源极跟随器的电路图。电路的差别在于图 8.23(a)是固定栅电压偏置负载结构，M2 所构成的是恒流源负载，图 8.23(b)是栅漏短接的负载结构，其等效负载电阻值较小。由于电路中的工作管 M1 的源和衬底间存在电压差，所以，M1 存在衬底偏置效应。

源极跟随器的电压传输系数小于 1 而接近 1,尤其是图 8.23(a)所示的恒流源负载结构。这和双极型电路中的情况相似,负载电阻越大,串联电流负反馈的作用越大,源极对栅极信号的跟随性越好。

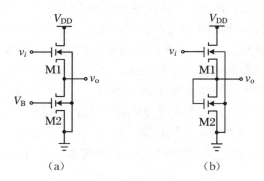

(a)   (b)

图 8.23 E/E NMOS 源极跟随器

8.2.4 MOS 输出放大器

MOS 输出级的基本考虑除了一般放大器的特性之外,主要是电流输出驱动能力,输出电压的动态范围,如果是电压输出,则希望尽可能减小输出电阻,如果是电流输出,则希望有尽可能大的输出电阻。

1. 源极输出级

最简单的 MOS 输出级电路是源极跟随器。但源极跟随器由于受到偏置电流的影响,它所能够提供给外部负载的电流,尤其是灌电流提供能力比较弱。

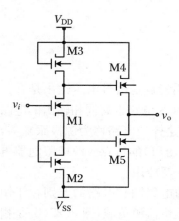

图 8.24 NMOS 输出级电路

图 8.24 所示电路能够部分解决问题。M1、M2 和 M3 组成分相器电路,输入给 M1 的信号 v_i 在 M1 的漏和源产生两个相位相反的信号,分别送到 M4 和 M5 的栅极。如果 M2、M3 设计得相同,则分相器将产生两个大小相等、相位相反的信号。当输入 v_i 向负向摆动时,M4 的导通更充分,输出电流增加,M5 电流减小,两者的作用使外部负载获得了较大的拉出电流。反之,当 v_i 向正向摆动时,M5 电流灌入的能力增加,M4 输出的电流减小。同样,这为外部负载提供了较大的灌入电流。

但这个电路的输出电压正向最大值为 $V_{DD} - 2V_{TN}$,输出电阻与一般的源极跟随器相近。在设计中可以利用 CMOS 结构制作 NPN 晶体管,以此减小输出电阻。图 8.25 给出了两种利用 NPN 晶体管的跟随器输出电路。

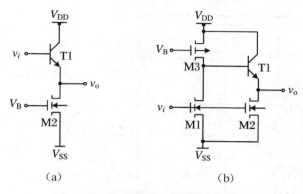

图 8.25　利用衬底晶体管的输出级

如果不考虑衬底偏置效应的影响,源极跟随器的输出电阻为 $r_\circ \approx \dfrac{1}{g_{\mathrm{m1}}}$,加大器件的跨导有利于减小输出电阻。采用衬底 NPN 晶体管正是利用了双极型器件的跨导大于 MOS 器件的特点。图 8.25(a)的结构是将图 8.23(a)中的 NMOS 管换为衬底 NPN 管得到的结构。

图 8.25(b)不仅减小了输出电阻,而且提高了电路的电流能力。它的基本原理与图 8.24 相近,通过 M1、M3 组成的倒相放大器将相位相反的两个信号同时送到 T1 和 M2 的输入,构成推挽结构,提高了输出端的电流能力。

2. 甲乙类推挽输出级

甲乙类推挽输出级的基本结构还是源极输出,它利用了互补型器件(CMOS)构成了对称的源极跟随结构,如图 8.26 所示。M3 是工作管,M6 是负载管,M4、M5 提供了 M1、M2 的偏置,避免交越失真。以 M3、M6 为主构成的是共源放大电路,如果没有 M4、M5,则图 8.27 的电路就成为了乙类放大器。PMOS 管 M1 和 NMOS 管 M2 构成一对源极输出的对管。

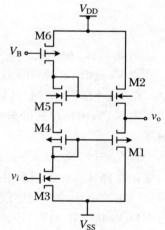

图 8.26　甲乙类推挽输出级

3. 推挽增益级

如图 8.27 所示的电路同样是利用了推挽结构,但将输入电压的变化转化为输出电流的变化,再利用电流镜输出,该电路有很高的输出电阻。

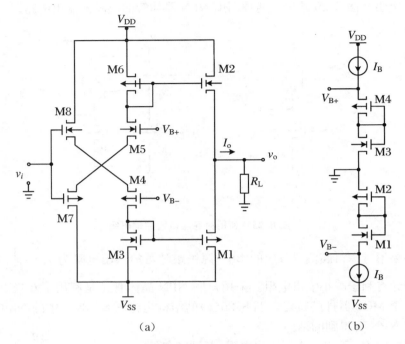

图 8.27　推挽增益级

图 8.27(a) 中 M4、M8 和 M5、M7 构成推挽结构,如果 M4、M5 的静态偏置 V_{B-} 和 V_{B+} 和输入端的静态偏置相同,则输入推挽电路工作在乙类;如果 V_{B-} 和 V_{B+} 在静态情况下使 M4、M8 和 M5、M7 都处于导通状态,则推挽电路工作在甲乙类。图 8.27(b) 给出的静态电压偏置电路提供了使推挽电路工作在甲乙类的偏置电压。

现在来讨论图 8.27(a) 所示的推挽增益级的工作原理。当输入信号 v_i 向正向变化时,M4、M8 的栅源电压增加,变化量 $v_{GS4} + v_{GS8} = v_i$,M5、M7 的栅源电压减少。栅源电压的变化导致 M4、M8 的电流增加,M5、M7 的电流减少,并因此使由 NMOS 晶体管 M3、M1 组成的电流镜的输出电流增加,由 PMOS 晶体管 M6、M2 组成的电流镜的输出电流减少。如果两个电流镜设计得匹配,则在输出端提供了两倍电流镜电流变化量的灌电流容量。反之,如果 v_i 向负向变化时,电路提供了两倍电流镜电流变化量的拉电流容量。如果 M3、M1 和 M6、M2 组成的是比例电流镜,则输出电流的容量也将成比例地变化。

当外部接有负载电阻 R_L 时,推挽增益级的电压增益为

$$A_V = - G_M(R_L \mathbin{/\mkern-5mu/} r_{o1} \mathbin{/\mkern-5mu/} r_{o2}) \tag{8.31}$$

G_M 是放大器的跨导,如果电流镜是 1 比 1 结构,则跨导为

$$G_M = \frac{g_{m4} \cdot g_{m8}}{g_{m4} + g_{m8}} \tag{8.32}$$

如果采用威尔逊电流镜替代基本电流镜,并且负载阻抗非常大,则这个放大器的增益可以超过 80 dB。

8.3　运算放大器

运算放大器是模拟集成电路中最典型的电路。它通常是由前文介绍的基本积木单元构造而成。典型的运算放大器的组成包括偏置电路,输入级(通常是差分输入级),中间增益级和输出级,等等。

8.3.1　两级 CMOS 运放

由基本单元模块的讨论,我们可以知道 CMOS 电路结构具有独特的优点,比其他 MOS 电路更适合作为模拟电路。利用 CMOS 电路中的互补晶体管结构,可以方便地直接把双极型模拟集成电路转变为同类的 CMOS 模拟集成电路。图 8.28显示了一个具有两个放大级的 CMOS 运算放大器电路。

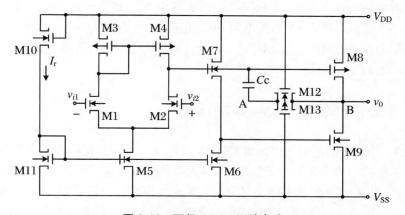

图 8.28　两级 CMOS 运放电路

这个运算放大器电路由 5 个基本电路单元模块组成:偏置电路,差分放大电路,源极跟随器,推挽输出级和频率补偿网络。

基本的偏置电路包括了 M10、M11 和 M5。其中,M10、M11 组成了 NMOS 比例电流镜的参考支路,其输出支路 M5 为差分放大级提供了恒流源负载。同时,与之相连的 M6 也为源极跟随器提供了恒流源负载。

差分放大级由 M1~M5 组成,其中 M5 是恒流源负载。以 NMOS 晶体管 M1、M2 作为差分输入对管,以 PMOS 基本电流镜作为差分放大级的有源负载完成双转单。

M7、M6 构成 NMOS 的源跟随器电路，实现电平位移，并为 M8、M9 提供静态偏置。V_{GS7} 确定了 M8、M9 的栅极直流电压的差值，它使 M8、M9 构成的推挽输出级工作在甲乙类状态，以降低无功功耗。因为是恒流源负载的源跟随结构，交流信号在 M8、M9 上近似相等。源极跟随器的直流电平的位移量 ΔV 由 M7 的静态电流 I_{DS7} 和 M7 的尺寸决定。

$$\Delta V = V_{GS7} = V_{TN} + \sqrt{\frac{I_{DS7}}{K'_N(W/L)_7}} \tag{8.33}$$

在电流一定的情况下，只要改变 M7 的宽长比即可改变直流电平的位移量。

M8、M9 组成推挽放大级，它们同时接受来自差分输入级的信号，两者互为负载，同时又都是放大管。其工作原理与图 8.20 介绍的 CMOS 推挽放大级相同。当输入电压正向变化时，M9 的电流增加，M8 的电流减少，负载电流由 M9 提供，输出电压向负向变化；反之，当输入电压向反向变化时，M9 的电流减少，M8 的电流增加，负载电流（流入放大器）由 M8 提供，输出电压向正向变化。

M12、M13 构成一个常开的 CMOS 传输对，它被作为电阻使用，和电容 C 组成频率补偿网络。它们跨接在输出放大级的输入与输出端之间，利用密勒效应提高它们的等效阻抗，满足频率补偿的要求。CMOS 传输对中的晶体管的源和漏与传输信号有关，但 M12 和 M13 的同一侧的源漏定义总是相反的，因此，从一侧看进去总是一个是漏电阻，一个是源电阻，也就是说，一个电阻大，一个电阻小。它们的并联电阻取决于小电阻，当 M12、M13 设计的跨导相同时，等效电阻 $r_{AB} \approx 1/g_m$，g_m 是 M12、M13 的跨导。

8.3.2　CMOS 共源-共栅运放

图 8.29 给出的是另一个两级 CMOS 运算放大器的简化电路。所谓简化是指这个电路中的偏置电路被电流源 I_B 和偏置电压 V_{B8}、V_{B9} 所替代而未画出。

共源-共栅运放的名称来源于第二级放大电路中 M6、M8 和 M7、M9 的结构。其中 M6、M7 是共源结构（以源作为输入、输出的参考点），M8、M9 是共栅结构，所以，M6、M8 构成了共源-共栅组态，同样，M7、M9 也构成了共源-共栅组态。

和双极型电路中的共射-共基组态相似，在 MOS 放大器中，采用共源-共栅组态的目的通常是为了减小工作管的密勒电容，从而减小放大器的输入电容，以减轻前级放大器的输出负载，同时扩展放大器的带宽。

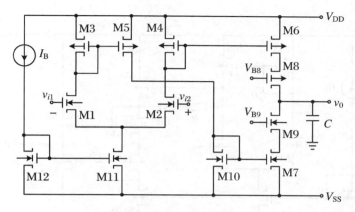

图 8.29　CMOS 共源-共栅运放

这个运放由偏置电路和两级放大电路组成。基本偏置电路是电流源 I_B 和 NMOS 晶体管 M12、M11 所组成的电流镜。输入放大级是以 NMOS 晶体管 M1、M2 为差分对管，以两组有源负载所组成的双端输出的差分放大级。双端输出的差模信号被同时送到了共源-共栅放大级的输入端。这里巧妙地利用了三组电流镜，因此，也可以通过电流镜的电流传输作用解释运算放大器的工作原理。当输入差模信号使 M1 管电流减少，M2 管电流增加时，因为差分放大器的有源负载都位于电流镜的参考支路，因此，M3、M5 组成的电流镜电流减少，并因此使 M10 管电流减少，同时，M4 的电流增加。通过电流镜的作用，M7 管电流减少，M6 管电流增加，负载电流由 M6 提供，负载电容充电，输出端电位上升。反之，M6 电流减少，M7 电流增加，负载电流由 M7 提供，负载电容放电，输出电位下降。由此，我们可知，M1 的栅极是运算放大器的反相输入端，M2 的栅极是运算放大器的同相输入端。

8.3.3　带有推挽输出级的运放

图 8.30 是一个具有输出放大级的运算放大器电路。其输出放大级的结构与图 8.26 所示的甲乙类推挽输出级相似，有所不同的是，这里的工作管是 PMOS 晶体管，而图 8.26 中的电路是以 NMOS 晶体管为工作管。那么为什么采用 PMOS 晶体管作为工作管呢？其目的主要是移动直流电平。因为差分输入级是以 NMOS 差分对管为工作管，其漏输出端的直流电位高于输入端，如果仍采用图 8.26 中的结构，则运算放大器的输出端的直流电位必然偏高，使运放的输出动态范围不匹配。采用了 PMOS 晶体管作为工作管后，可使被差分输入级抬高的直流电平下移。通过工作电流的设计，可以获得所需的直流电平移动量。

这个运算放大器的电压增益主要由差分输入级和 M5、M6、M7、M8 所组成的放大级提供。

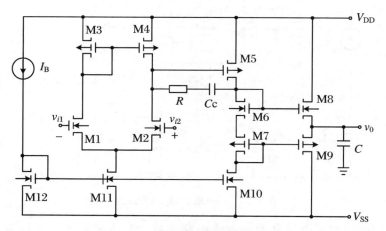

图 8.30　带有推挽输出级的运放

8.3.4　采用衬底晶体管输出级的运放

　　为获得低的输出电阻,运放的输出级可以采用衬底晶体管输出级的结构,利用双极型晶体管的跨导高于 MOS 晶体管的特点,降低源跟随输出级的输出电阻。图 8.31 给出了这样的电路结构。

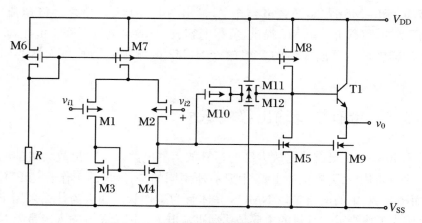

图 8.31　采用衬底晶体管输出级的运放

　　该运算放大器由基本偏置电路、差分输入级、衬底晶体管输出级和频率补充网络组成。

　　基本偏置电路 R、M6 构成的分压结构为 M7、M8 提供了电压偏置,使它们都工作在饱和区,为差分放大级和输出级提供了恒流源负载。因为差分放大级是以

PMOS 晶体管为工作管的电路形式,所以,PMOS 管 M7 是作为差分放大级的上负载使用的。

在差分输入级中通过电流镜 M3、M4 完成了双端转单端的任务,同时,因为是 PMOS 管作为差分对管,其漏输出端的电位低于输入端的直流电位,因此,后级采用 NMOS 管作为放大管平衡直流电平。从上面几个运放的分析可以看出,在 CMOS 运放中常采用互补型的 MOS 晶体管来平衡直流电平。

输出级采用的结构与图 8.25(b)所示结构完全一致,这里不再对它进行分析。

该运放的频率补偿网络中的电阻与图 8.28 中的运放相同,电路中的频率补偿电容利用了 M10 的栅电容,因为输出级中 M5 的漏电位高于栅电位,所以 M10 处于导通状态。

通过对以上 CMOS 运算放大器进行分析,我们可知 CMOS 的电路结构非常简单,并且都是由基本的电路模块搭接而成的。在构造运算放大器的电路时最多考虑的是电压增益或跨导,带宽,直流电平的平衡以及输出电阻等基本要求。

前文介绍的运放主要由两个放大级组成,如果需要高的电压增益,则可考虑采用三级放大器结构。但是,当放大级的级数超过两级后必须考虑运放的闭环稳定性的问题,因为这时运放的附加相位移将超过 180°。

8.4 电压比较器

电压比较器是另一个重要的模拟单元。在模拟信号的处理中,有时要比较和判别两个信号的大小,比较器的作用就是将两个模拟信号进行比较,输出一个逻辑值。比较器输出的是逻辑值的特性,是它与一般的模拟集成电路的主要不同之处。图 8.32 给出了比较器的符号和电压传输特性。

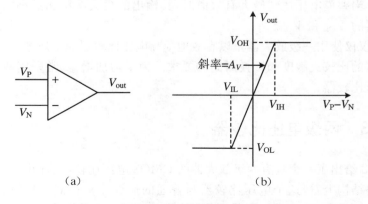

图 8.32 电压比较器符号和电压传输特性

理想的电压比较器,当输入电压 V_P 大于等于参考电压 V_N,即 $V_P \geqslant V_N$ 时,电压比较器的输出为高电平;当 $V_P < V_N$ 时,电压比较器的输出为低电平。当然,如果参考电压 V_N 接的是同相端,情况则相反。

8.4.1　电压比较器的电压传输特性

图 8.32(b)表示了在不考虑失调的情况下的电压比较器的电压传输特性。当输入电压小于参考电压的差值达到 V_{IL} 后,输出电压变为低电平 V_{OL} 并且不再变化;反之,当输入电压大于参考电压的差值达到 V_{IH} 后,输出电压变为高电平 V_{OH} 并且不再变化;当输入电压和参考电压的差值在 V_{IL} 和 V_{IH} 之间时,输出电压以一定的变化率发生改变,而这个变化率就是图中的斜率,它等于电压比较器的电压增益 A_V。

$$V_{out} = \begin{cases} V_{OH} & (V_P - V_N) > V_{IH} & (8.34) \\ A_V(V_P - V_N) & V_{IL} \leqslant (V_P - V_N) \leqslant V_{IH} & (8.35) \\ V_{OL} & (V_P - V_N) < V_{IL} & (8.36) \end{cases}$$

显然,电压比较器的电压增益越大,电压比较器越灵敏,输出信号从一个状态转换到另一个状态所需的转换时间越短。

8.4.2　差分电压比较器

在 8.2.2 节中介绍的差分放大器,如果将它的工作区域扩展到非线性区域,就可以作为电压比较器应用,称为差分电压比较器。

从对 CMOS 差分放大器的分析可知,在其他参数相同的情况下,恒流源电流 I_{SS} 越小,其电压增益越大。同时,我们还知道 I_{SS} 越小,在差模输入时的线性范围越小($\pm \sqrt{I_{SS}/K}$)。因此,适当的设计可以很方便地将普通的差分放大器电路用作电压比较器。当差模电压达到最大有效值时,其输出的最大电压和最小电压即对应电压比较器的 V_{OH} 和 V_{OL}。

当然,仅仅使用一级放大器难以有效地提高电压比较器的电压增益,不能满足电压比较器的比较灵敏度和转换时间的要求。为了增加增益,常采用两级放大电路构造电压比较器。

8.4.3　两级电压比较器

图 8.33 给出了一个具有两级放大器的 CMOS 电压比较器结构图。

从电路结构上看,这个电压比较器与普通的运放非常相似。参考电流 I_B 和 M8 构成基本偏置电路。第一级是差分放大级,以 NMOS 晶体管作为差分对管,以

PMOS 电流镜作为有源负载,并完成双转单,M7 作为差分放大器的下负载提供恒流源偏置,由这个电流的设置可以确定差分放大级的电压增益和线性范围。第二级放大器是以 PMOS 管为放大管的共源放大器。通过对 M5 的设计以及偏流设计可以改变放大器的电压增益。

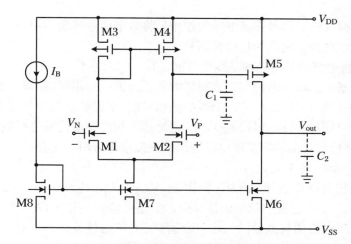

图 8.33　两级放大器的 CMOS 电压比较器结构图

在平衡点,即 $V_P = V_N$ 时,要求所有的器件均工作在饱和区。为减小失调电压,差分放大器中的 M1、M2、M3 和 M4 相匹配。这要求 M1、M2 的宽长比应设计得相同,且在版图中位置对称,几何图形相同,当要求高精度时还应采用同心布局结构。同样,M3、M4 也应保持宽长比的一致与对称。

由于比较器由两级电路组成,其总的传输延迟时间由每级的传输延迟时间相加。图 8.33 中的 C_1 和 C_2 是寄生电容,它们的存在将影响到每级放大器的传输延迟时间。由于传输延迟的存在,使得电压比较器的实际状态转换时间变长,需考虑传输延迟和转换时间两个部分。为减小传输延迟,应尽量设法减小寄生电容 C_1 和 C_2。

除了上面介绍的两种电压比较器外,还有许多其他的电路形式,这里不一一介绍了。

8.5　D/A、A/D 变换电路

自然界的各种信息,大部分是以模拟信号的形式存在的,而当今的信号处理则大部分采用数字形式。在 VLSI 系统中经常集成了模拟信号和数字信号的处理电路,即数字-模拟转换电路和模拟-数字转换电路,作为模拟信号和数字信号的接口,承担了不同的处理电路之间的信号模式的转换工作。本节将在介绍这两类转换电路的基本工作原理的基础上,重点介绍 MOS 电路结构的 D/A、A/D 变换电路。

8.5.1　D/A 变换电路

数字-模拟(D/A)信号变换电路的作用是将数字信号转换为相应的模拟信号,它输入的是数字信号,输出的是模拟信号。

D/A 变换电路的基本原理是线性叠加。在一组数字信号中,每一位都具有不同的权重,最基本的权重结构与二进制数的各位权重结构相同,相邻位的权重相差一倍。将每一位数字(0 或 1)与一个模拟量相对应,根据数字信号各位上的数字是0 或 1,确定相对应的模拟信号的有或无,将这些存在的模拟信号进行线性叠加,得到与输入数字信号对应的模拟输出。输出的模拟信号可用下式表示:

$$A = K \cdot V_{\text{REF}}(b_1 2^{-1} + b_2 2^{-2} + b_3 2^{-3} + \cdots + b_N 2^{-N}) \tag{8.37}$$

式中,A 为输出的模拟信号,K 为比例因子,V_{REF} 是基准电压,$b_i(i=1,2,3\cdots)$ 是第 i 位数字信号,b_1 是数字信号的最高位,b_N 是最低位。显然,$K \cdot V_{\text{REF}}/2^i$ 是第 i 位数字信号所对应的模拟量的大小,也就是第 i 位的权重。对于有 N 位的数字信号,其对应的最小模拟量为 $K \cdot V_{\text{REF}}/2^N$,它也对应了不同数字信号对应的模拟量之间的最小差值。

从上面的分析可知,D/A 变换电路输出的模拟信号并不是连续的,而是离散化的。在满量程输出电压相同的情况下,数字信号的位数越多,D/A 变换的分辨率越高,误差越小。当然,此时对应的电路越复杂。

D/A 变换电路的基本类型有 3 种:电流定标的 D/A 变换器,电压定标的 D/A 变换器,电荷定标的 D/A 变换器。

1. 电流定标的 D/A 变换器

电流定标的 D/A 变换器的基本工作原理是利用权电流网络,在电路内部产生一组二进制加权电流,然后根据数字信号的各位信息,对这些电流进行线性叠加,产生模拟输出。

最常见的权电流网络是 R-$2R$ 梯形网络,变换器的电路结构如图 8.34 所示。

R-$2R$ 梯形网络的特点是:从网络的任何一个节点向右看过去,它的电阻都是两个 $2R$ 电阻的并联,当所有 $2R$ 电阻的下端头接地时,得到如图 8.35 所示的电阻网络结构。从最上端流入的电流自左向右被不断地二分,使得相邻支路的电流成 2 的倍数关系。即

$$I_1 = 2I_2 = 4I_3 = \cdots = 2^{N-1}I_N \tag{8.38}$$

这正是我们所需要的二进制加权电流。

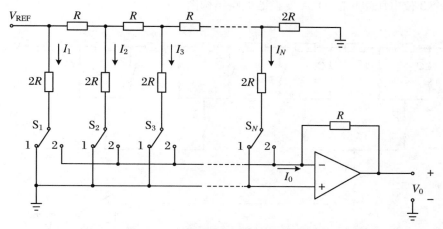

图 8.34　采用 R‐$2R$ 梯形网络的电流定标 D/A 变换器

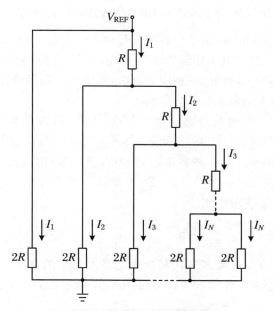

图 8.35　R‐$2R$ 梯形网络结构

在 R‐$2R$ 梯形网络中获得的二进制加权电流在与数字信号对应的开关的控制下,在运放的反向输入端(虚地)线性叠加,通过运放得到模拟电压输出。

2. 电压定标的 D/A 变换器

电压定标的 D/A 变换器是将一个电阻链连接在基准电压与地之间,选择电阻链的抽头来获得模拟电压输出。一个 N 位的 D/A 变换器电路的电阻链是由 $2N$ 个阻值相同的电阻串联而成。输出电压的选择由二进制开关完成。图 8.36 给出了一个 3 位电压定标的 D/A 变换器电路结构图。

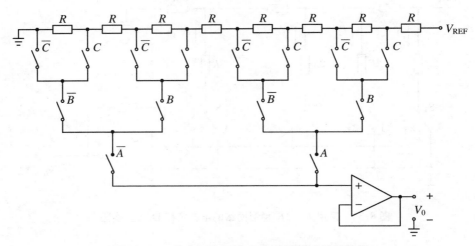

图 8.36　3 位电压定标的 D/A 变换器电路结构图

　　这种电路结构非常简单,由 3 位数字信号确定电阻链的输出部位,通过选通的开关通道将模拟电压送到电压跟随器的输入端,设置电压跟随器的目的是将变换器与外部隔离,保证变换器的变换精度,因此也要求电压跟随器输入端的直流偏置电流要小,与电阻链上的电流相比可忽略不计。

　　这种结构的 D/A 变换器特别适合于 MOS 工艺,因为在 MOS 工艺中可以很方便地制作模拟开关,而且 MOS 结构的电压跟随器的直流偏置电流非常小。但这种电路的最大缺点是不宜制作较多位数的 D/A 变换器,因为随着位数的增加,电路的元件数将大大增加。一个 N 位的 D/A 变换器,需要 $2N$ 个电阻和 $2^{N+1}-2$ 个模拟开关,以及 $2N$ 条逻辑控制线。

3. 电荷定标的 D/A 变换器

　　电荷定标的 D/A 变换器是利用将加到电容网络上的总电荷进行定标的方法产生模拟电压。其基本工作原理可以通过图 8.37 所示的简单电路来加以说明。

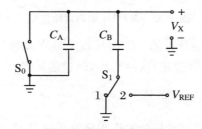

图 8.37　电荷定标原理示意图

　　图中的电容 C_A 接地,电容 C_B 则周期性地在地和内部电压基准之间转换。

假定开始时,开关 S_0 闭合,S_1 指向地(这种情况被称为"复位"模式),电容 C_A 和 C_B 放电至零,输出电压 $V_X = 0$。然后,打开开关 S_0,并将开关 S_1 接至基准电压 V_{REF}(这种情况被称为"采样"模式),电容 C_A、C_B 成串联结构,其中间节点的电压 V_X 可以用下式表示:

$$V_X = V_{REF} \frac{C_B}{C_A + C_B} \tag{8.39}$$

上式说明输出电压正比于和基准电压相连的电容的电容量,反比于总的电容量。在此基础上我们得到了电荷定标的 D/A 变换器电路的结构,如图 8.38 所示。

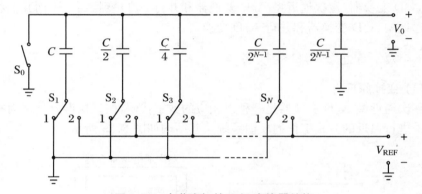

图 8.38　电荷定标的 D/A 变换器结构

在"复位"模式中,S_0 闭合,其他开关都指向地,所有电容都处于放电状态。在"采样"模式中,S_0 打开,S_1 到 S_N 受 N 位数字信号的控制,如果数字信号的某位为 1,则相应的开关指向基准电压,反之,则仍接地。输出的模拟电压为

$$V_0 = V_{REF} \frac{C_{eq}}{C_{tol}} \tag{8.40}$$

式中,C_{eq} 是连接到 V_{REF} 的各电容容量之和,C_{tol} 是整个电容网络的总电容。因此,C_{eq} 和 C_{tol} 可表示为

$$C_{eq} = b_1 C + \frac{b_2 C}{2} + \frac{b_3 C}{2^2} + \cdots + \frac{b_N C}{2^{N-1}} \tag{8.41}$$

$$C_{tol} = C + \frac{C}{2} + \frac{C}{2^2} + \cdots + \frac{C}{2^{N-1}} + \frac{C}{2^{N-1}} = 2C \tag{8.42}$$

由上面的公式我们可以得到输出电压的表达式:

$$V_0 = V_{REF}(b_1 2^{-1} + b_2 2^{-2} + \cdots + b_N 2^{-N}) \tag{8.43}$$

由于 MOS 工艺可以制作具有高精度的比值的电容和理想的模拟开关,因此采用 MOS 技术可以很好地制作电荷定标的 D/A 变换器。但这个电路的缺点是变换器的位数不能很多,因为随着数字信号的位数增加,最小电容和最大电容的比值将随之加大,最大电容的电容量也成倍地增加。因此,这种结构的 D/A 变换器的位数一般不超过 8 位。

8.5.2　A/D 变换电路

A/D 变换是 D/A 变换的逆变换,它将模拟信号变换为数字信号。A/D 变换器的数字信号输出可以是串行的,也可以是并行的。在串行输出时,数字信号的传输是从最高位(MSB)开始逐位传送的。在并行输出时,数字信号作为二进制代码,同时出现在 N 位的输出端头上。

A/D 变换器电路有多种形式,归纳起来,主要有积分型 A/D 变换器、数字斜坡型 A/D 变换器、逐次逼近型 A/D 变换器和并行 A/D 变换器。下面我们将介绍逐次逼近型 A/D 变换器和并行 A/D 变换器。

1. 逐次逼近型 A/D 变换器

(1) 变换原理

逐次逼近型 A/D 变换器是一种以相应的数字代码,按试探误差技术对模拟输入信号进行逼近的方式工作的反馈系统。其结构如图 8.39 所示。

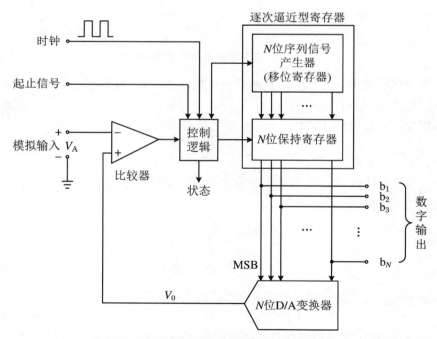

图 8.39　逐次逼近型 A/D 变换器结构框图

这个系统是由一个逐次逼近型寄存器、一个 D/A 变换器和一个比较器组成的反馈环。其工作原理简述如下:在开始变换之前,由 N 位移位寄存器和 N 位保持寄存器构成的逐次逼近型寄存器被清零。变换过程从数字信号的最高位开始到数字信号的最低位逐次试探、逼近。在第一个时钟周期,是以"1"作为试探加到 N 位保持寄存器的最高位 MSB 中,其他各位仍保持为零。最高位为"1"的 N 位保持寄存器的输出加到 N 位 D/A 变换器的输入端产生相应的模拟信号。如果 D/A 变换器的输出电压 $V_0 \leqslant V_A$(待变换的模拟输入信号),则比较器的输出保持不变,于是,N 位保持寄存器的最高位 MSB 就保存了"1"信号,否则就用"0"取代"1"存于MSB 中。在第二个时钟周期,将"1"送入 N 位保持寄存器的次高位进行试探,与第一个时钟周期的情况类似,如果 $V_0 \leqslant V_A$,比较器输出状态不变,就将"1"保存在次高位,否则用"0"来代替"1"。依此类推,从高位到低位依次逐次进行试探,直到第 N 位试探完成。这个 N 位数字信号的逐次逼近的过程需要 N 个时钟周期。

判断试探的"1"究竟是保持还是被"0"所取代,由比较器和逐次逼近型寄存器逻辑完成。试探位借助 N 位序列信号发生器(移位寄存器)从 MSB 顺次移向LSB。每次逼近的结果留存在保持寄存器中。控制逻辑对每一次逼近都执行一个开始/停止命令,每次的逼近动作由时钟信号同步。存储在 N 位保持寄存器中的数据形成数字输出,在 MSB 到 LSB 各位的试探都结束后,控制逻辑发出一个状态信号,允许数字输出。

图 8.40 给出了一个 4 位逐次逼近型 A/D 变换器的试探、逼近流程。

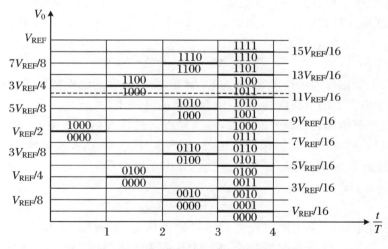

图 8.40　4 位逐次逼近型 A/D 变换器变换流程

图 8.40 中,T 是一个时钟周期,t 是时间,t/T 则表示了第几个时钟周期,V_0是 D/A 变换器的输出。黑实线是对应试探的数字信号(黑实线上的数字),由 D/A 变换器产生的模拟输出。正因为是 4 位数字信号,所以基准电压 V_{REF} 被分成了16 段。

现举例说明 4 位逐次逼近型 A/D 变换器的逐次逼近过程。假设一个模拟输入信号 V_A,其值介于 $11V_{REF}/16$ 和 $12V_{REF}/16(3V_{REF}/4)$ 之间。逼近试探开始后,第一个时钟周期,最高位被置为"1",D/A 变换器对应 1000 产生了输出模拟电压

$V_{REF}/2$，经比较器比较后，模拟输入信号大于 D/A 变换器输出，数字信号的最高位"1"被保存。第二个时钟周期，数字信号的第二位被置为"1"，D/A 变换器对应 1100 产生输出模拟电压 $3V_{REF}/4$，经比较，模拟输入信号小于 D/A 变换器输出，数字信号的第二位被替换为"0"，这时，保持寄存器中的内容为 1000。第三个时钟周期，数字信号的第三位被置为"1"，D/A 变换器对应 1010 产生输出模拟电压 $5V_{REF}/8$，经比较器比较，模拟信号大于 D/A 变换器的输出，数字信号第三位的"1"被保存。第四个时钟周期，数字信号的最后一位被置为"1"，对应 1011，D/A 变换器产生输出模拟电压 $11V_{REF}/16$，经比较，模拟信号大于 D/A 变换器输出的模拟电压，最低位的"1"被保存。最后对应模拟输入信号 V_A 产生数字输出 1011。

(2) 电荷重新分配型 A/D 变换器

电荷重新分配型 A/D 变换器是根据前面所介绍的电荷定标的 D/A 变换器原理导出的。它采用了一个电荷定标的 D/A 变换器和逐次逼近型寄存器与比较器构成反馈环路，完成 A/D 变换。图 8.41 给出了该 A/D 变换器处于不同工作状态时的电容、开关网络和比较器及相互关系。

电荷重新分配型 A/D 变换器采用基本的二进制权电容梯形网络。在梯形网络中还包含了一个附加的电容（与开关 S_0 相连），其值等于 LSB 电容的容量。变换过程分为三个节拍。第一个节拍称为采样模式，开关 S_A 闭合，所有电容的顶板接地，所有底板接模拟输入 V_A，如图 8.41(a) 所示。在整个电容网络（等于 $2C$）中存储了正比于 V_A 的电荷 Q_X：

$$Q_X = V_A \cdot C_{tol} = 2CV_A \tag{8.44}$$

第二个节拍称为保持模式，开关 S_A 断开，所有电容的底板接地，如图 8.41(b) 所示，由于电容上的电荷保持不变，电容顶板的电位 $V_X = -V_A$。

第三个节拍称为重新分配模式，逐次逼近的过程开始。开关 S_A 仍然断开，S_B 接基准电压 V_{REF}，除 S_0 仍保持接地外，$S_1 \sim S_N$ 依次接 V_{REF} 或接地。首先，对应 MSB 的开关 S_1 接至 V_{REF}，其他开关接地。由于 $C = C_{tol}/2$，电压 V_X 获得一个增量 $V_{REF}/2$：

$$V_X = -V_A + V_{REF}/2 \tag{8.45}$$

如果此电压的变化使比较器的输出改变状态，则说明 MSB 应为 0，开关 S_1 接向地。如果比较器不改变状态，则 MSB 应为 1，S_1 保持和 V_{REF} 连接。与此类似，其他的每一位都进行试探，产生相应的数字输出码。这个逐次逼近的过程如图 8.41(c) 所示。当试探结束时，$V_X \approx 0$。

逐次逼近型 A/D 变换器最大的缺点是变换速度比较低，数字信号的位数越多，完成一个变换所需的时钟数越多，变换速度越低。

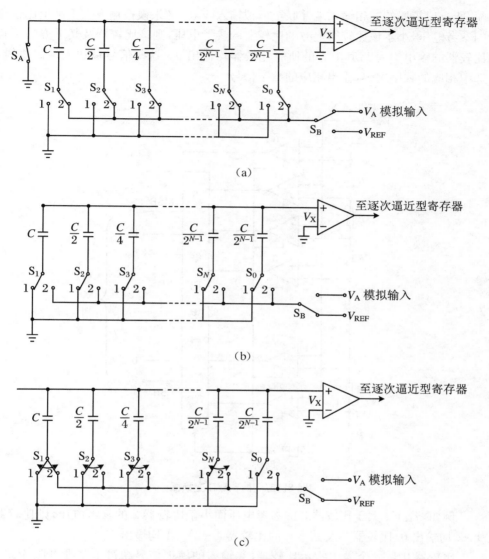

图 8.41　电荷重新分配型 A/D 变换器工作状态

2. 并行 A/D 变换器

并行 A/D 变换器是速度最快且工作原理又十分简单的变换器。这种变换器采用若干分别加有固定参考电压的比较器,这些固定的参考电压从零至满量程,分别对应于数字码中各量化电平。所有比较器的输出和编码逻辑电路相连,以产生并行数字输出。

图 8.42 展示出了 N 位并行 A/D 变换器的基本结构。由电阻串组成的分压器产生 $2^N - 1$ 个锁存比较器的参考电压值,这些参考电压接至比较器的反相输入

端,所有比较器的同相输入端并联至模拟输入 V_A。如果模拟输入大于某个比较器的参考电压,小于该比较器上方的比较器的参考电压,则该比较器及其下方的所有比较器的输出均为 1,其上方的所有比较器均输出 0。这些信号被送入编码逻辑,选中相应的数字编码,输出相应的数字信号。

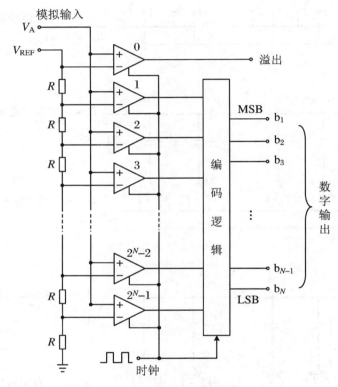

图 8.42 并行 A/D 变换器

例如,若 V_A 大于比较器 3 的参考电压而小于比较器 2 的参考电压,则比较器 $0 \sim 2$ 均输出 0,比较器 3 及其下方的比较器 $4 \sim 2^N - 1$ 均输出 1。

比较器 0 是一个溢出指示比较器,当输入的模拟信号超过了基准电压 V_{REF},比较器 0 将输出 1,表示信号超过范围即溢出。

电路中的编码逻辑可以采用规则阵列技术加以实现,如 PLA 或随机逻辑加 ROM 结构等。

并行 A/D 变换器广泛应用于视频信号处理领域,其变换速度是其他结构的变换器无法达到的。

第9章 版图设计重点技术探究

本 章 要 点

1. 版图在新技术下的新变化。
2. 版图设计中的寄生参数。
3. ESD 保护设计。
4. 闩锁效应防护设计。

集成电路(IC)是很复杂的器件,它们很少是完美无缺的。大多数器件都会有少许不足和缺陷,将给以后 IC 器件功能的应用留下隐患。这样的 IC 器件可能在完美地工作若干年后毫无征兆地突然失效,从而产生灾难性的后果。工程师们一般按照传统质量保证程序去揭示其隐藏的设计缺陷,用接近极限的条件去加速其失效机理,从而找出其弱点。但并不是每一个设计缺陷都能通过测试被发现。因此设计工程师应该尽可能早地发现和消除这些隐藏的不足和缺陷。

一个 IC 版图包含很多类型的失效机理。如果设计者知道其潜在的薄弱环节,就可以提前做好安全保护,从而避免失效发生。

集成电路是个复杂的器件,它的性能受到很多因素的影响。在版图设计时,有很多专门的技术可以帮助我们去发现和预防这些不足和缺陷。如果你是一位熟练的、具有丰富经验的版图设计工程师,这些失效机理完全可以部分或全部在版图设计阶段避免。本章将探究几种版图设计重要技术失效机理的理论和设计。

9.1 版图在新技术下的新变化

为了配合新技术的产生,新的规则也应运而生,这些规则建立在新技术的理论上,并通过对版图的变化得以实现。

9.1.1　金属距离和密度

1997年，IBM公司宣布双层镶嵌（Dual Damascene）技术，并开发化学机械研磨（Chemical Mechanical Polishing，CMP）技术以克服铜的高迁移性、高反应性、高表面腐蚀性和低附着性等缺点。CMP技术是在研磨过程中加入研磨浆料以达到平面平坦化的要求，其缺点是会造成刮痕和残留物污染。在研磨Ta等阻挡层时，由于时间加长，会导致过腐蚀和碟形缺陷。通常由于金属及氧化物硬度的差异会对较宽的金属线造成碟形缺陷，而密度过高的区域由于研磨过度会出现过腐蚀缺陷。所以在画这类版图时，设计规则（Design Rule）中除了有类似铝工艺中的金属密度（Metal Density）规定的最低密度外还增加了最高密度，并且对较宽的金属线也作了特别的规定。一般的线，其宽度与距离相当，而较宽的线距离是相对线宽的1/3左右。除此之外，邻近规则（Vicinity Rule）还规定，较宽的金属线与靠近它且在一定范围内的另一条金属线之间的距离需要特别拉大。

9.1.2　通孔空隙问题

铜工艺中有个明显的问题就是金属中会出现孔洞，并且会因为电子迁移或热应力使孔洞向通孔附近迁移并相互结合形成大的空隙，迁移距离几乎可能达到 $10\,\mu m$ 左右。所以在画版图时，可以增加通孔的数目或挖slot槽分散空隙，以不至于结合成大的空隙。

9.1.3　天线效应

天线效应发生在制造过程中，由于采用了等离子体蚀刻技术，使金属上吸引了大量的电荷，由于没有合理的释放路径，当连接到面积较小的多晶硅栅时就会造成损害。对此可以通过顶层金属过渡或加二极管来减轻电荷的集聚。当到达一定的比率时［这个比率在计算时设为sum，它为没有连到diffusion（扩散）的金属面积或多晶硅面积与gate（栅）面积之比］，在多晶硅栅（Poly Gate）附近加入过渡层或二极管（许多工具可完成这一步骤）。当一根线出现在金属密度很小或走线过度集中的区域时也应十分注意。

9.1.4　光学增强技术

常见的光学技术如光学邻近校正（Optical Proximity Correction，OPC）和先进相移掩模（Phase Shift Mask，PSM），这类光学方法对图形有一定的要求，有时需要对图形作一些调整,使其与理论相互契合。OPC 技术是基于对光的衍射的考虑,即光线会绕过物体发生弯曲。由于衍射的存在,正光阻使用暗场光罩会造成图形放大,而亮场光罩会造成图形缩小,直角的图形会变得圆滑等,对图形进行 OPC修正后,会使光刻产生的图形更接近理想状态。不过由于对独立的图形使用了散射条,多多少少会引入一些不确定因素。而 PSM 技术是源于 1982 年马克・列文森提出的一个想法:通过对一条入射光的位相位移 180°,能够使两条入射光的距离小于瑞利极限。这一理论被扩展运用到更加复杂的图形中,并且有些实验表明可以制成小于标称分辨率 1/3 的解析度(最小线宽)。但 PSM 技术也存在如“T”形图形无法修正的缺陷,一些算法可以帮助弥补这一缺陷。不过,画版图时还是要注意不能产生与此对立的图形。

9.2　集成电路的寄生参数

正如我们所了解的,工艺层是芯片设计的重要组成部分。一层金属搭在另一层金属上面,一个晶体管靠近另一个晶体管放置,且这些晶体管全部都是在衬底上制作的。只要在工艺制造中引入两种不同的工艺层,就会产生相应的寄生器件,这些寄生器件广泛地分布在芯片各处,更糟糕的是我们无法摆脱它们。

一个集成电路通过导线引入以及各种各样的材料来传送电流。无论想让电流流到哪里,都要经过传送材料的电阻。而电路中总会有寄生电阻存在,这就像是把一些很小的额外电阻放在了电路中。与寄生电容一样,我们无法摆脱它们。这些额外的寄生参数就像是一些我们不希望有的实际部件,它们常常会减慢电路的速度,改变电路的频率响应或引起许多其他令人烦恼的事情发生。

既然寄生参数无法避免,那么电路设计者就要充分将这些因素考虑进去。例如,如果寄生参数使一个放大器的带宽减少 10%,那么在设计这个放大器时必须为这一减少留出余量。我们要在设计中考虑如何减少这些寄生参数,尽量保留一些余量以便把寄生参数带来的影响降至最低。

寄生电容、寄生电阻和寄生电感是 3 种主要的寄生参数,后文将对其逐一介绍,同时也会介绍如何减少这些寄生参数的出现。

9.2.1　寄生参数的种类

寄生参数主要包括寄生电容、寄生电阻和寄生电感。

1. 寄生电容

寄生电容无处不在。每当在一条导线或一条多晶硅栅或在芯片中建立任何东西时,就会产生某种寄生参数。集成电路上有许多平行的导体,它们上下层相互重叠或并排排列。只要在相邻的地方或在衬底中有注入物,就会产生寄生参数。

图9.1所呈现的是在不同金属层之间以及它们与衬底之间产生的电容情况。

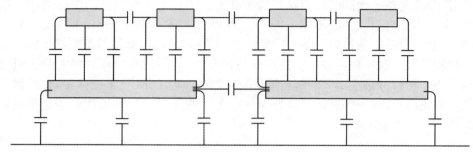

图9.1　无处不在的寄生电容

由上图我们可以看到寄生电容无处不在。但需要了解的是,即使寄生电容很多,但如果你的电路设计对电容不是十分敏感,那么我们就可以完全忽略它们。但当电路的设计要求芯片速度很快或频率很高时,这些寄生电容就显得格外重要了。一般来说,在一个模拟电路中,只要频率超过20 MHz,就必须对它予以注意,否则,它有可能会毁掉整个芯片。

如果一条电路对电容很不敏感,比如一个功率调节器或别的某种电路,在电路中工作很稳定,那么就不必担心这些遍布各处的额外小电容了。但是如果想要电路速度快,那么频率就要高,频率越高则设计版图的电路速度就要越快,此时,这些电容就会显得很重要。

在大多数电路中,如果不注意寄生参数,那么它们就有可能会毁掉芯片。一般来说,在设计模拟版图的时候,只要涉及任何较高的频率,那么就必须对某些寄生参数予以注意。

减少寄生电容可以从以下几个方面入手:

(1) 导线长度

如果某个区域的寄生参数要小,那么最直接有效的方法就是尽量减小导线长度。因为如果导线长度小,那么与它相互作用而产生的电容(如金属或衬底层的电容)就会相应减小,这个道理显而易见。

(2) 金属层的选择

另一种解决办法则是金属层选择。起主要作用的电容通常是导线与衬底之间的电容,这是版图设计者最感兴趣的电容。它位于整个芯片的下面,所以任何对衬底的影响都会被带到其他每一个部件。图9.2则说明了衬底电容对芯片的影响。

如图9.2所示,电路1和电路2都对地产生了一个衬底电容,衬底本身又有一个寄生电阻,这样一来电路1的噪声就通过衬底耦合到电路2上面,这是我们不希望看到的。

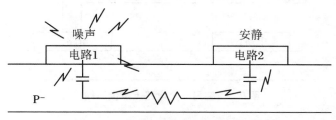

图 9.2　衬底电容产生的噪声影响

　　如果想让电路 2 与噪声隔离，那么我们可以减少电路 1 至衬底的电容，以减少电路 2 受噪声影响的可能性。设法使所有噪声都远离衬底，我们需要改变一下金属层。依赖于金属工艺，减少寄生参数的第二条途径是采用最高一层的金属层，即离衬底最远的那层金属。通常，离衬底越远，所形成的电容就越小，因为两个平板之间的距离大多了。同其他辐射现象一样，电容大小与平板间距成反比，一点距离就能引起很大的差别。

　　另外值得注意的是，并不是所有工艺的最高层金属与衬底产生的寄生电容都最小，它还与金属层的宽度等其他因素有关。我们需要仔细查阅工艺手册来计算哪一层金属电容最小，特别是这些金属层的最小宽度可能各不相同。在某些工艺中，也许 M2 的对地电容要比 M4 的对地电容大，所以我们不能只凭直觉来判断，一定要通过具体的计算来确认。

　　(3) 金属叠加

　　前文一直在谈论至衬底的电容。我们还要关注电路中每一部分到另一部分的电容。例如，设计一个电路时，它的一条导线布置在另一个电路的上面。那么在这条导线和它下面电路中的每一个部分之间就都形成了寄生电容。

　　在电路的上面走金属线，这是数字领域中总采用的一种方法。因为必须让逻辑门尽可能地相互靠近，这样才能在一个芯片上挤下数百万个这样的逻辑门。其结果是电路之间可以走线的空间很小，于是只能使各种金属线相互层叠排布。所以在电路的逻辑门、触发器与其他部分电路中都存在寄生电容。

　　数字电路中有一些关键的导线对噪声非常敏感。但布线器只能用来布线，却不能自己思考，如果不加干预而只是让自动布线器布置导线，那么就会毁了这个芯片。

　　再回到模拟电路版图设计中，我们经常会人为地将敏感信号隔离开来。所以，如果一个芯片上到处都是导线，还不如把各个电路隔离得远一些。我们要尽量避免在敏感电路的上面走线，而只将金属线走在电路之间，这样寄生参数就会小一些，且相对容易控制。

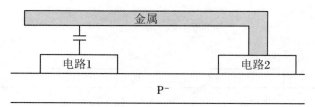

图9.3　在另一个电路上走金属线

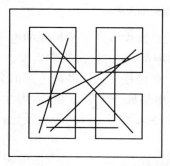 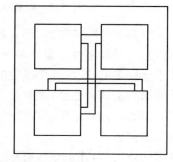

图9.4　避免在敏感电路上面走线

我们必须绕过电路模块布线,而不是在它的上面走线,因为这是一个非常敏感的节点。

图9.5　绕过电路布线而不要在其上面走线(俯视图)

如果设计的是低层次的单元块,那么就比较容易选择了。但是,当开始把这些单元块用导线相互连接起来时,就需要了解一下每条导线的各种问题,比如每条导线起什么作用。然后根据导线的功能,比如它承载的电流有多大或它需要什么样的绝缘要求,做出许多设计版图的选择。这与数字电路领域有很大的差别,在数字版图中,90%的导线都一起布置,它们的功能并不重要。

2. 寄生电阻

寄生电阻随处可见。每一条导线都伴有寄生电阻。而且我们还要根据电路的功能来处理寄生参数。

很多人可能曾通过电流密度来了解电流大小对导线宽度的选择有什么影响。除了选择导线宽度,电流大小还影响单元至单元间连接的布线方案。

(1) 计算 *IR* 压降

寄生参数中另一个比较麻烦的问题就是寄生电阻。翻开工艺手册我们经常能看到每层金属线能够承载的电流。通过这个参数我们可以计算所需的金属层宽度。比如一条导线从一个单元连接至另一个单元，它必须能承载 1 mA 的电流。通过查看工艺手册，看到所使用的金属线电流密度为 0.5 mA/μm，推算此金属线的最小宽度应当为 2 μm。如果电路设计者并没有告诉我们这条导线的电阻，那么我们先估算一下，比如这条导线长 2 mm，那么它的方块值为 2 mm/2 μm = 1000（方块）。知道了这条导线的方块数，我们再从工艺手册中找到这一特定金属层每方块的电阻是多少欧姆，如是 50 mΩ/□。因此整条导线的电阻为

$$R = 1000 \times 0.05 = 50\ \Omega$$

这是一条很大的电阻。这条导线传送 1 mA 的电流。利用 $V = IR$，可以算出在这条导线因寄生电阻而产生的 IR 电压降是 50 mV。

$$V = IR = 50 \times 1 = 50\ \text{mV}$$

电流在这条导线上引起的电位差为 50 mV。如果在这条导线另一端的电路对电压的偏差很敏感，那就会有麻烦了。

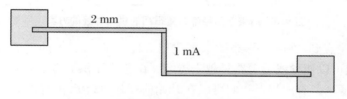

图 9.6　电流通过导线上的电压降估算

因此，有经验的版图设计工程师应能将类似这样的问题及时反馈给设计工程师。另外，设计工程师也应将具体要求明确告知版图设计工程师，同时要在完成的版图上查看实际情况，并将实际寄生参数反应在线路中验证。

如果设计工程师要求这条导线上的电压降最大不超过 10 mV，否则电路就不能正常工作。这就意味着你必须使这条导线的宽度增大 5 倍，增大的宽度为 10 μm，这将使电压降降低到能符合这一特定单元的要求，即只有 10 mV。

这些电阻寄生参数常常在供电导线中影响比较明显，因为供电电流通常都相当大。一个电源可以有 20~30 mA 的电流。如果有许多电路都连接到同一个电源，那就需要确定导线尺寸，以便能传送所需的电流。

（2）优化布线方案

当你开始设计布线方案或顶层电路时，可能会意识到你必须要把电源线分成多条导线才能满足这些条件，所以你应当了解 IR 压降的限制和电路中电流的大小。

如图 9.7 所示的电路阵列。它们的电源线从 PAD 引入每一个电路。各电路的电流如图标注。显然，共有 19 mA 的电流都通过 PAD 从外部流入。不幸的是，需要电流最多的电路模块离 PAD 最远。我们仍以 0.5 mA/μm 计算我们需要的导线宽度为 38 μm 才可靠，这样我们将看到一条粗大的金属线，整条宽度为 38 μm，如

图 9.8 所示。

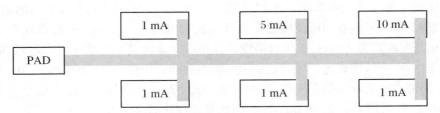

图 9.7　功率大的功能模块离 PAD 最远会产生问题

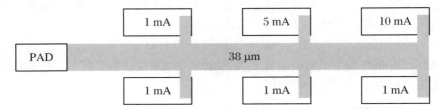

图 9.8　沿整条路径都布置很粗的供电导线的方案

你是否注意到，在接近导线的末尾我们只传送了 11 mA 的电流，看上去有点浪费，但我们可以使导线沿着路径越来越细。在芯片面积不富余的时候，可以通过减少导线宽度来节省面积。我们可以在开始时使用 38 μm 的导线，然后根据情况逐渐减小它的宽度，如图 9.9 所示。

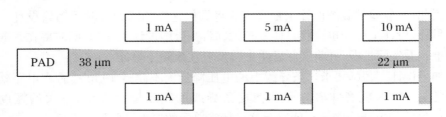

图 9.9　使导线沿路径逐渐变细可节省面积

我们还可用另一种方案：将传送大电流的路径与其他导线分开单独连接 PAD，这样就会使 10 mA 引入的电压降不会影响供电线上的其他模块，如图 9.10 所示。自然，这一技术可能需要占用模块阵列上面的面积。

从上面的例子可以看出，了解一点电路的工作方式会影响你对版图设计方案的选择。版图设计并不是仅仅把器件连接起来。

（3）多层金属叠加

为了减少寄生电阻，就需要确保使用最厚的金属层。正如我们所了解的，一般情况下，最厚的金属线具有最低的方块电阻。如果遇到相同的金属层厚度，且使用了好几层金属，就可以把上下层金属线重叠起来形成叠层结构，如图 9.11 所示。

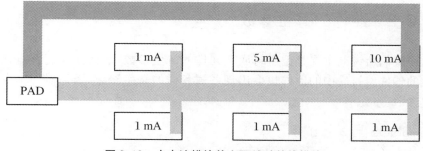

图 9.10　大电流模块从上面越过其他模块

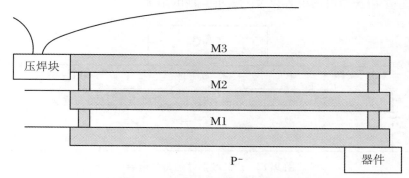

图 9.11　(截面积)金属并联结构降低电阻

在这个具体的例子中,实际上有三层金属并联。这使导线的电阻降低了 3 倍,因为现在有了分流的电流路径。在电流很大的情况下,我们可以进行电流密度的计算并发现一些问题,比如为了使电路更可靠,我们可能需要一条 500 μm 宽的导线。因此,并联布线是降低大电流路径电阻并节省一些面积的有效方法。

3. 寄生电感

当我们面对一个真正的高频电路时,电路中的导线也开始具有寄生电感。处理寄生电感的方法是试着模拟它,以便把它作为电路的一部分来进行计算。

我们要与电路设计工程师一起工作。试着尽早完成芯片的平面布局,好让电路设计者看到芯片的导线有多长,以便估计可能会引起的电感。

我们可能不得不选择比预期要宽得多的导线,不得不在某些导线周围留出一定的空间,因为它们有明显的电感性质而且很宽。我们不希望它们会通过电感耦合而影响电路的其他部分。

如果担心某一具体导线上的电感问题,可以咨询电路设计人员:"你希望怎么做? 有没有什么特殊的电路技术?"这是一项携手合作的工作,需要大家共同来完成平面布局。

9.2.2　器件的寄生参数

上面我们所说的主要是位于衬底上元件的寄生参数,下面让我们看看在衬底中形成的器件。衬底中的器件也会出现各式各样的寄生参数,因为器件本身就具有寄生参数。

1. CMOS 晶体管的例子

如图 9.12 所示,PMOS 器件就位于一个大的 N 阱中。它具有一个由阱至衬底的电容,一个由栅至阱的电容以及一大堆其他的附加电容。

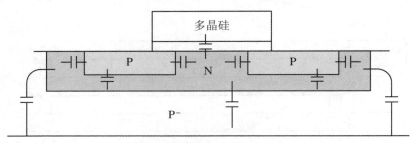

图 9.12　PMOS 器件的寄生电容

当源或漏上的电压发生变化时,阱电容会使这一变化变慢。当有一个电压加到栅上时,栅电容会使它变慢。多晶硅栅的串联电阻与栅电容一起形成了一个电阻电容时间常数,它使器件进一步变慢。几乎器件的每一个部分都有某种电容以某种方式使器件的操作变慢。

减少器件寄生参数的唯一技术是减少多晶硅栅的串联电阻。任何其他内在的器件寄生参数一个也无法改变。如果我们降低了多晶硅栅的串联电阻,就降低了栅的 RC 时间常数,从而改变了器件的速度。我们可以把多晶硅栅分成多个“指形”结构,然后用导线将它们并联起来以降低电阻。例如,仅仅把器件分为 2 个,就可以降低 RC 时间常数 4 倍。因为每一个栅指的电阻都变为原来的一半。加上现在它们是并联,所以电阻又下降了一半。

通过将晶体管分成多个器件以及源漏共享可以大大减少 CMOS 晶体管上的寄生参数,这也使我们在设计它们的版图时更容易一些。又长又细的晶体管很难安排,比较方正的且分开的晶体管阵列更容易安排在其他部件的周围。

2. 双极型晶体管的例子

在双极型晶体管中,集电极从注入的 N 区直接向下到衬底也存在寄生电容,这与 CMOS 晶体管的案例类似。

对于双极型晶体管器件来说,几乎没有什么手段可以加以改进。寄生电容与器件尺寸的关系固定。好在事先我们已经对器件进行了精确的测量并建立了模型,所以当电路设计者在进行设计的时候就已经把这些因素都考虑进去了。

需要了解的是,两个晶体管相互靠近时会对电路不利。如图 9.13 所示,两个双极型器件的集电极靠近放置,集电极和衬底之间不可避免地存在着寄生电容,从图中可以看到集电极向下至衬底的电容以及沿着衬底两个晶体管之间的电阻。

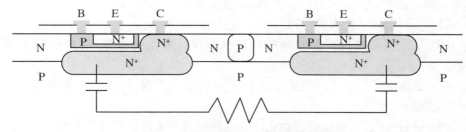

图 9.13　两个双极型器件的寄生参数

如果希望对衬底采取一些措施来减少这两个器件间的相互影响,所能做的取决于工艺选择。

采用某些全定制技术可以把器件做得较小。通常的做法是把几个较小的器件组合成一个大器件,一般都在一个公共的 N 阱(或岛)中。这样使 N 阱总面积较小,从而缩小了至衬底的电容。

如果有许多并联的双极型晶体管而不是许多单个的晶体管需要布线,可以考虑把它们的集电极合成为一个,即把它折叠起来然后合并集电极使器件更紧凑地靠在一起。

一个全定制器件可以放上和电路设计者一致同意的任何东西。

9.2.3　寄生参数的好处与坏处

我们是否可以利用寄生参数得到好处?从整体上来说,答案是否定的,因为寄生参数是危险的。

我们可以设计一个依赖于寄生参数的电路,把寄生参数作为电路的一部分,但这样做是非常危险的。我们可能从书上读到寄生参数值然后说:"我们将依靠这个寄生电容来得到某一电路功能。"但是,这个寄生电容通常完全无法控制,它们的精度可以相差 50%。如果试图把一个寄生参数设计在一个电路中而它又是一个起主导作用的部件,那么我们的电路将依赖于这个部件,它很可能就会损坏或烧毁。

然而,我们也可以利用寄生参数获得一些便利。例如,如果我们需要很多电容,但并不在乎它有多大时,那么我们就可以利用额外的寄生参数来帮助实现这一目的。例如,把电源线和地线互相层叠起来就可以使我们得到免费的电源去耦电容。

9.2.4　结论

几乎没有什么寄生参数会让人高兴。我们通常希望它们全部消失，或将寄生减少到最低。我们可用的方法不多，但这些方法却构成了我们拥有的所有比较重要的方法。同时，与电路设计者的沟通非常重要，其重要性主要有以下几点：

（1）了解电路功能有助于减少寄生参数。

（2）从一开始进行平面布局时就与电路设计者紧密合作，有助于减少寄生参数。

（3）根据电路的要求可能需要进行全定制的版图设计，以使寄生参数控制在合理的范围内。

（4）通过沟通，电路设计者会在他的电路模拟中考虑这些寄生参数。

绝不要认为在开发更聪明的技巧和技术方面我们已经山穷水尽。人们每天都在创造出新的发明。消除令人讨厌的寄生参数是一项很值得我们为之付出努力的工作。

9.3　静电放电保护设计

半导体器件在制造、测试、存储、运输及装配过程中，仪器设备、材料及操作者都很容易因摩擦而产生几千伏的静电电压。当器件与这些带电体接触时，带电体就会通过器件引出脚（Pin）放电，导致器件失效。静电放电（Electro-Static Discharge，ESD）损伤不仅对 MOS 器件很敏感，而且在双极型器件中同样也存在 ESD 损伤问题。

为了避免集成电路在生产过程中被静电放电所损伤，在集成电路内皆有制作静电放电保护电路。静电放电保护电路是集成电路专门用来作静电放电保护之用的特殊电路，此静电放电保护电路提供了 ESD 电流路径，以免 ESD 放电时电流流入集成电路的内部而造成损伤。

9.3.1　ESD 保护设计的基本概念

ESD 的意思是"静电释放"。ESD 是 20 世纪中期以来形成的，主要研究静电的产生、危害及保护等。因此，国际上习惯将用于静电防护的器材统称为 ESD，中文名称为静电阻抗器。

静电放电会影响生产合格率、制造成本、产品质量与可靠性以及公司的可获利润。随着 IC 产品的制造工艺不断微小化，ESD 引起的产品失效问题越来越突出。为了能够了解我们所制造的 IC 产品的抗静电打击能力，提升产品的质量，减少因 ESD 而引起的损伤，世界各地的 IC 工程师们研制出了许多静电放电模拟器，用来模拟现实生活中的静电放电现象，用模拟器对 IC 进行静电测试，借以找出 IC 的静电放电故障临界电压。

9.3.2　ESD 静电放电的模式

因 ESD 产生的原因及其对集成电路放电的方式不同，ESD 目前被分为以下 4 类：

(1) 人体放电模式（Human-Body Model，HBM）。

(2) 机器放电模式（Machine Model，MM）。

(3) 组件充电模式（Charged-Device Model，CDM）。

(4) 电场感应模式（Field-Induced Model，FIM）。

本章即对此 4 类静电放电现象详细说明，并比较各类放电现象的电流大小。

1. 人体放电模式

人体放电模式（HBM）的 ESD 是指因人体在地上走动摩擦或其他因素在人体上已累积了静电，当此人去碰触 IC 时，人体上的静电便会经由 IC 的脚而进入 IC 内部，再经由 IC 放电到地，如图 9.14 所示。此放电过程会在短到几百毫微秒的时间内产生数安培的瞬间放电电流，此电流会把 IC 内的组件烧毁。不同 HBM 静电电压相对产生的瞬间放电电流与时间的关系如图 9.15 所示。对一般商用 IC 的 2-kV ESD 放电电压而言，其瞬间放电电流的尖峰值约为 1.33 A。

接地表面

图 9.14　HBM 的 ESD 发生情形

有关 HBM 的 ESD 已有工业测试的标准，为现今各国用来判断集成电路的 ESD 可靠度的重要依据。图 9.16 显示此工业标准的等效电路模型，其中人体的等效电容定为 100 pF，人体的等效放电电阻定为 1.5 kΩ。另外在国际电子工业标准中，亦对此人体放电模式制定了测试规范，详情请参阅相关工业标准。

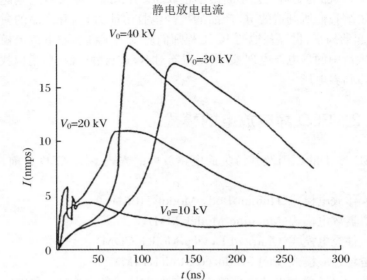

图 9.15　不同 HBM 静电电压相对产生的瞬间放电电流与时间关系图

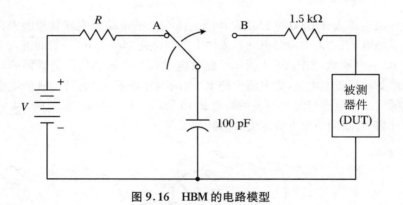

图 9.16　HBM 的电路模型

表 9.1　人体放电模式(HBM)的工业标准测试等效电路及其耐压能力等级分类

等级	电压
等级 1	0～1999 V
等级 2	2000～3999 V
等级 3	4000～15999 V

2. 机器放电模式

机器放电模式(MM)的 ESD 是指机器(如机械手臂)本身累积了静电,当此机器碰触 IC 时，该静电便经由 IC 的脚放电。其等效电路模型如图 9.17 所示。

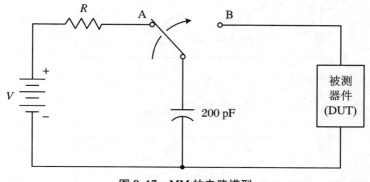

图 9.17　MM 的电路模型

表 9.2　机器放电模式（MM）的工业标准测试等效电路及其耐压能力等级分类

等级	耐压能力
M0	0～50 V
M1	50～100 V
M2	100～200 V
M3	200～400 V
M4	400～800 V
M5	大于 800 V

　　因为大多数机器都是用金属制造的，其机器放电模式的等效电阻为 0 Ω，但其等效电容定为 200 pF。由于机器放电模式的等效电阻为 0，故其放电的过程更短，在几毫微秒到几十毫微秒之内会有数安培的瞬间放电电流产生。有关 2 kV HBM 与 200 V MM 的放电电流比较，如图 9.18 所示。

　　虽然 HBM 的电压 2 kV 比 MM 的电压 200 V 大，但 200 V MM 的放电电流却比 2 kV HBM 的放电电流大得多，因此机器放电模式对 IC 的破坏力更大。如图 9.18 中，该 200 V MM 的放电电流波形有上下振动的情形，这是由测试机台导线的杂散等效电感与电容互相耦合引起的。

　　另外，在国际电子工业标准中，亦对此机器放电模式制定了测试规范，详情请参阅相关工业标准。

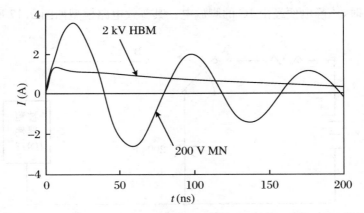

图 9.18　人体放电模式(2 kV)与机器放电模式(200 V)放电电流比较图

3. 组件充电模式

此放电模式是指 IC 先因摩擦或其他因素而在 IC 内部累积了静电,但在静电累积的过程中 IC 并未被损伤。此带有静电的 IC 在处理过程中,当其管脚碰触接地面时,IC 内部的静电便会经由管脚自 IC 内部流出来,从而造成了放电的现象。

此种模式的放电时间更短,仅约几毫微秒,而且其放电现象更难以真实地被模拟。因为 IC 内部累积的静电会因 IC 组件本身对地的等效电容而发生改变,IC 摆放的角度与位置以及 IC 所用的包装形式都会造成不同的等效电容。由于具有多项变化因素,因此有关此模式放电的工业测试标准仍在制定中,但已有此类测试机台销售。该组件充电模式 ESD 可能发生的原因及放电的情形如图 9.19(a)与(b)所示。该组件充电模式静电放电的等效电路如图 9.20 所示。IC 在各种角度摆放下的等效杂散电容值如图 9.21 所示,此电容值会导致不同的静电电量累积于 IC 内部。

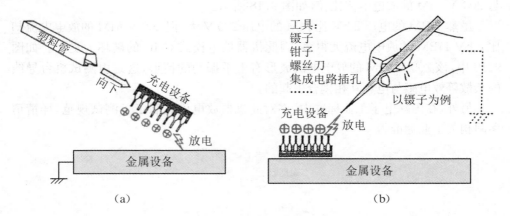

图 9.19　CDM 静电放电可能发生的原因及放电情形

如图 9.19(a)所示,IC 自 IC 管中滑出后,带电的 IC 脚接触到地面而形成放电现象。 如图 9.19(b)所示,IC 自 IC 管中滑出后,IC 脚朝上,但经由接地的金属工具而放电。

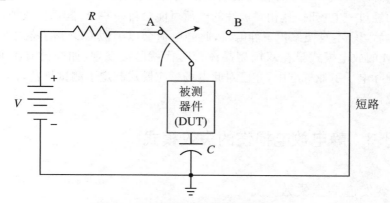

图 9.20　CDM 静电放电的等效电路图

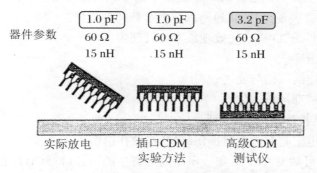

图 9.21　IC 在各种角度下的等效杂散电容值

有关 2 kV HBM,200 V MM 与 1 kV CDM 的放电电流比较,显示于图 9.22中。 其中,该 1 kV CDM 的放电电流在不到 1 ns 的时间内,便已冲到约 15 A 的尖峰值,但其放电的总时段约在 10 ns 的时间内便结束。 此种放电现象更易造成集成电路的损伤。

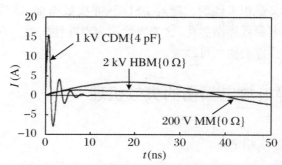

图 9.22　2 kV HBM,200 V MM 与 1 kV CDM 的放电电流比较

4. 电场感应模式

电场感应模式(FIM)的静电放电是由电场感应引起的。当 IC 因输送带或其他因素而经过一电场时,其相对极性的电荷可能会自一些 IC 脚而排放掉,等 IC 通过电场之后,IC 本身便累积了静电荷,此静电荷会以类似 CDM 的模式进行放电。有关 FIM 的放电模式早在双极型晶体管时代就已被发现,如今已有工业测试标准。在国际电子工业标准中,亦已对此电场感应模式制定了测试规范,详情请参阅相关工业标准。

9.3.3　静电放电损伤的失效模式

1. 突发性完全失效

突发性完全失效是器件的一个或多个电参数突然劣化,完全失去规定功能的一种失效。通常表现为开路、短路以及电参数严重漂移。

半导体器件 ESD 损伤失效现象主要表现为:

(1) 介质击穿。

(2) 铝互连线损伤与烧熔。

(3) 硅片局部区域熔化。

(4) PN 结损伤与热破坏短路。

(5) 扩散电阻与多晶电阻损伤(包括接触孔损伤)。

(6) ESD 可触发 CMOS 集成电路内部寄生的可控硅(SCR)闩锁效应,导致器件被过大电流烧毁。

2. 潜在性失效

如果带电体的静电势或存储的静电能量较低,或 ESD 回路有限流电阻存在,一次 ESD 脉冲不足以引起器件发生突发性完全失效。但它会在器件内部造成轻微损伤,这种损伤又是积累性的。随着 ESD 脉冲次数增加,器件的损伤阈值电压逐渐下降,器件的电参数逐渐劣化,这类失效称为潜在性失效。它降低了器件抗静电的能力,降低了器件的使用可靠性。

9.3.4　静电放电损伤的失效机理

1. 电流型损伤机理

(1) PN 结短路——ESD 引起 PN 结短路是最常见的失效现象。失效是由 PN

结二次击穿时产生的焦耳热导致局部温度超过铝硅共晶温度,引起合金钉穿透 PN 结而失效。版图设计对 PN 结短路有很大影响,最敏感的是接触孔尺寸、形状及位置。较好的办法是在一个扩散区内设置多个小接触孔,以便增加孔周长;用圆形接触孔可避免电流的非均匀流动;增加接触孔与扩散区的间距,可防止电流在接触孔角落处集中。

(2) 铝互连线损伤——铝互连线在大电流 ESD 脉冲的过功率作用下容易引起熔化开路,尤其是台阶处铝条。ESD 损伤有时可使铝互连局部区域发生球化(局部电流集中处),造成氧化层击穿,影响电路的可靠性。铝互连线承受大电流的能力依赖于它的横截面积,因此输入保护结构应尽量靠近压焊点以缩短铝互连线长度,铝互连走线应做得足够宽,以提高抗电过应力能力。

(3) 电阻损伤——大电流下的电阻 I-V 特性会呈现负阻状态,即 Snapback 现象。一旦出现 Snapback 现象,在强电场下电子与空穴都参与导电,进而由于过热导致硅熔化。电阻抗电过应力的能力取决于其端头、接触孔的大小以及电阻条的长与宽。扩散电阻的抗静电能力优于多晶电阻,这是因为多晶电阻的散热性能比扩散电阻差。

2. 电压型损伤机理

(1) 栅氧穿通——由 ESD 产生的强电场会引起栅氧(Gate Oxide)穿通。当栅氧有针孔(Pin Hole)时,击穿首先在针孔处发生。所以在 MOS 或 BiCMOS 集成电路中必须对 I/O(输入/输出)接口处的 MOS 晶体管施以保护电路。

(2) 铝互连线与扩散区短路——短路常发生在键合点(PAD)连接的扩散电阻和横跨其上的电源铝条之间。由于它们之间是热氧化层且厚度较厚,所以这种短路失效几率较小。

(3) 铝互连线与多晶电阻短路——短路常发生在键合点(PAD)连接的多晶电阻和横跨其上的电源或地互连线之间。由于铝互连线与多晶电阻之间介质击穿强度比热氧化低得多,当输入端引入 ESD 时可导致该处介质击穿短路,因此版图设计时输入端的多晶电阻条与铝条之间应保留足够距离,以防止多晶电阻条与铝条重叠。

(4) PN 结雪崩开通机构。

9.3.5　全芯片 ESD 保护电路的设计

静电放电保护电路(ESD Protection Circuits)在集成电路上起着静电放电防护的作用,此静电放电保护电路提供了 ESD 电流路径,以免 ESD 放电时,静电电流流入 IC 内部电路而造成损伤。人体放电模式(HBM)与机器放电模式(MM)的 ESD 来自外界,所以 ESD 保护电路都制作在焊垫 PAD 的旁边。在输出 PAD 时,其输出级大尺寸的 PMOS 及 NMOS 组件本身便可当作 ESD 保护组件来用，但是其布局方式必须遵守版图设计规则中有关 ESD 布局方面的规定。在输入 PAD 时，因 CMOS 集成电路的输入 PAD 一般都连接到 MOS 组件的栅极，栅极氧化层容易被 ESD 打穿，因此在输入端的旁边会制作一组 ESD 保护电路来保护输入级的组件。在 V_{DD} PAD 与 V_{SS} PAD 的旁边也制作了 ESD 保护电路，因为 V_{DD} 与 V_{SS} 的脚之间也有可能遭受 ESD 的放电。

　　ESD 保护电路的安排必须全方位地考虑 ESD 测试的各种组合，因为一个 IC 的 ESD 失效阈值是看整个 IC 所有脚中，在各种测试模式下，最低的 ESD 耐压值。因此，一个全芯片 ESD 保护电路的设计安排如图 9.23 所示。

　　因 ESD 保护电路是为了防护 ESD 而加入的，故在集成电路正常操作情形下，该 ESD 保护电路是不动作的，因此在加入 ESD 保护电路于集成电路中时，必须要考虑到各种注意事项。其中，在设计上除了要能符合集成电路所要求的 ESD 保护能力之外，也要尽可能地降低因加上该 ESD 保护电路而增加的成本，如布局面积的增大或者制造步骤的增加等。

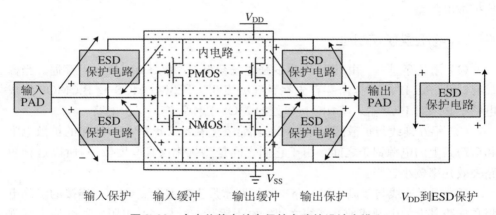

图 9.23　全方位静电放电保护电路的设计安排

　　当芯片尺寸较大时，输入 PAD 的 ESD 保护电路就必须要在输入 PAD 与 V_{DD} 之间提供 ESD 保护电路来直接旁通 ESD 电流，而不能只借助 V_{DD} 与 V_{SS} 之间的 ESD 保护电路来间接放电。

　　静电放电会造成 IC 损坏已是众所周知的事情。当工艺技术缩小到次微米阶段，先进的制程技术，如更薄的栅极氧化层，更短的通道长度，更浅的漏极/源极接面深度，LDD 结构（轻掺杂漏结构），以及金属硅化物扩散层等，这些先进的制程反而严重地降低次微米 IC 的静电放电保护能力。所以，次微米 IC 急需一个有效且可靠的静电放电保护设计。传统上，为加强 ESD 保护能力，大都在输入端（输入 PAD）外围制作 ESD 保护电路，也在输出端（输出 PAD）连接的输出缓冲级上加强输出缓冲级的 ESD 保护能力。

有关各式各样的输入与输出 ESD 保护设计,已有数百篇专利出现。除了在输入与输出端附近加强 ESD 的保护能力之外,IC 还会遭遇异常的内部电路损伤问题。即使在输入与输出 PAD 上已有适当的 ESD 保护电路,但仍会出现 IC 的内部电路因 ESD 测试而发现异常的损伤问题,反而在输入与输出 PAD 的 ESD 保护电路没有被 ESD 损坏。因此,ESD 的防护设计必须要注意全芯片保护架构的设计,这样才能够真正避免内部电路发生异常损伤。

9.3.6　ESD 保护器件的选用

在集成电路中加入 ESD 保护电路,该 ESD 保护电路要发挥防护作用,避免集成电路内的组件被 ESD 损伤。当 ESD 电压出现在输入/输出脚位上时,制作于该输入/输出 PAD 旁的 ESD 保护电路必须要能够及早地导通来排放 ESD 放电电流。因此,ESD 保护电路内所使用的组件必须要具有较低的击穿电压(Breakdown Voltage)或较快的导通速度。

在 CMOS 集成电路中,可用来制作 ESD 保护电路的器件如下:

(1) 电阻(Diffusion or Poly Resistor)。

(2) 二极管(P-N Junction)。

(3) MOS 器件(NMOS or PMOS)。

(4) 厚氧化层器件(Field-oxide Device)。

(5) 寄生的双载子器件(Bipolar Junction Transistor)。

(6) 寄生的硅控整流器器件(SCR Device,P-N-P-N Structure)。

这些器件可以用来设计组合成各式各样的静电放电保护电路,因此各式各样的专利也已被提出来。

9.3.7　总结

ESD 保护已经不单是输入脚或输出脚的 ESD 保护设计问题,而是全芯片的 ESD 保护设计问题。ESD 损伤发生在输入或输出脚上,这是很容易被发现和解决的问题。但是,当 ESD 损伤发生在 IC 的内部电路,甚至在混合模式 IC 的界面电路上时,要找到 ESD 损伤的部位并加以处理是一项耗时且难度极高的工作。因此全芯片的 ESD 保护设计在 IC 开发阶段就要考虑周全,以防范各种可能的 ESD 测试及 IC 所能碰到的 ESD 问题。

在本章中,已针对各种设计提出解释及建议,然而各式各样的 ESD 保护电路大多已获得专利权或正在申请专利中,因此在采用各种别人所提出的 ESD 保护设计时,要注意知识产权问题,对具有高度实用性的设计,应请公司出面洽谈专利权的合法使用。

　　ESD 保护技术的研究随着工艺制程的演变而变得越发困难,然而世界先进国家的各大 IC 厂商在 ESD 保护技术上的研究更趋热烈,各式各样的技术都被尝试用在 ESD 保护上,因而已有 600 多件与 ESD 相关的美国专利刊登出来。本文就各种可能的技术,介绍在 CMOS 制程技术下较实用可行的 ESD 保护设计,给 IC 相关设计者一些启发,但在产品商业化时,要注意专利的知识产权问题。

　　ESD 的保护设计除了本文所谈到的技术之外,还要注意整个集成电路的 ESD 保护架构。ESD 的保护是整个集成电路的问题,而不只是输入 PAD、输出 PAD 或电源 PAD 的问题,即使各个 PAD 都有很好的 ESD 保护能力,也不见得整个集成电路就有很高的 ESD 保护能力。采用适当的全芯片保护架构设计,才能真正提升整个集成电路的 ESD 保护能力,并且可以节省输入/输出 PAD 上 ESD 防护元件的尺寸与布局面积。全芯片 ESD 保护架构已经是目前各大公司竞逐的焦点所在,对此技术尚未有警觉性的公司要特别注意这项技术的发展。

9.4　闩　锁　效　应

　　闩锁效应(Latch-up)是指在集成电路中,电源和地线之间由于寄生的 PNP 和 NPN 双极型晶体管相互影响而产生的一种低阻抗通路。它的存在会使 V_{DD} 和电线接地端之间产生大电流通路。随着集成电路制造工艺的发展,封装密度和集成度越来越高,产生闩锁效应的可能性会越来越大。

9.4.1　闩锁效应的原理

　　可以把集成电路的闩锁效应看作可导致器件损坏或低电压下的大电流状态。在器件上加上某种辐射或激励时,可能触发闩锁效应或大电流状态。至少有 3 种结构可诱发闩锁效应:

　　(1) 由 4 个层次构成的可控硅整流器(Silicon Controlled Rectifier,SCR)的再生开关作用。

　　(2) 二次击穿。

　　(3) 持续的电压击穿。

　　由于 CMOS 中有许多 P 和 N 扩散层,它们对 SCR 闩锁很敏感。在 CMOS 电路中,由于受寄生双极型晶体管的影响,当 CMOS 集成电路接通电源后,在一定的外界因素的触发下,CMOS 电路会出现负阻电流特性。它和 PNPN 器件的闸流特性很相似。这种现象被称为 PNPN 效应或闩锁效应,它不仅会造成电路功能混乱,往往还会引起电路损坏。闩锁效应就是由于器件寄生而产生的典型电路,我们不妨分析一下它的产生原因以及如何更好地采取措施防范它的发生。

对于体硅 CMOS 器件,不可避免地会出现寄生 P-N-P-N 通道,这就构成了寄生的 SCR。在正常工作条件下,此 SCR 管保持在非导通状态,并不干涉电路的工作,但在反常瞬态条件下(如电源或信号电压尖峰,电离辐射产生的电荷引起的暂时偏压,或电源上升期间的瞬态电压),SCR 有可能被触发进入导通状态,当触发去掉后,这个状态会维持下去,即电流继续通过,会导致电路故障或者烧毁。

寄生 SCR 是由 2 个双极型寄生管(横向 PNP 管和纵向 NPN 管)以及耦合它们的电阻 R_S,R_W 所组成。电阻 R_S 是横向 PNP 管的基极和纵向 NPN 管的集电极到 V_DD 之间的电阻(Represents the Substrate Resistance),电阻 R_W 是横向 PNP 管的集电极和纵向 NPN 管的基极到 V_SS 之间的电阻(Represents the Well Resistance)。图 9.24(b)是它们的一级集总等效电路图,它虽简单,但对于了解其机理及如何从工艺设计中改进很有帮助。

图 9.24(a)为 P 阱工艺基本 PMOS 和 NMOS 截面图,它展示出 PNPN 的 SCR 是怎样形成的,其等效线路如图 9.24(b)所示。图中清楚表明了 SCR 的作用。图 9.25 为 N 阱工艺基本 PMOS 和 NMOS 截面图和等效电路图。

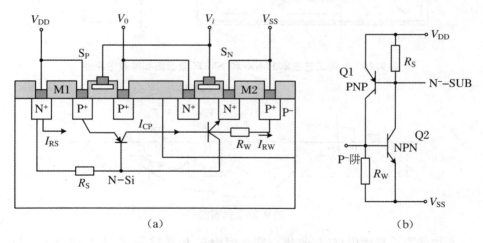

图 9.24　CMOS 电路中的寄生 PNPN 效应(P 阱)

少数载流子保护环是掺杂不同类型杂质,形成反偏结提前收集引起闩锁的注入少数载流子。多数载流子保护环是掺杂相同类型杂质,减小多数载流子电流产生的降压。

以图 9.26 的剖面图为例,P^+ sub 中 N^+ 区的电子注入经 P^+ sub 扩散,大多数电子到达 Nwell - Psub 结,并在电压的作用下加速漂移到 Nwell 中,电子进入 Nwell 在被最后收集的时候,便会形成压降,导致寄生 PNPN 结构发生闩锁效应。为了解决这个问题,就必须防止电子进入 Nwell。少数载流子保护环就是提前进行电子的收集,而且少数载流子保护环深度较深,效果也是相当明显。

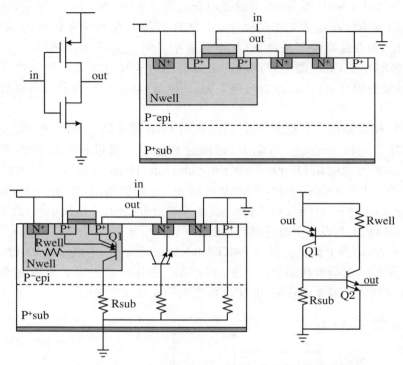

图 9.25　N 阱工艺基本 PMOS 和 NMOS 截面图和等效电路图

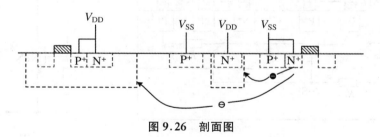

图 9.26　剖面图

多数载流子与此相对应,收集空穴。但因是 P 型衬底,空穴必然会进入衬底中,多数载流子保护环本质上降低了局部的电阻。P$^+$ 型多数载流子保护环离 Nwell 近,更利于提前收集,效果就会明显一点。

9.4.2　产生闩锁效应的基本条件

外界因素使 2 个三极管的发射结处于正向偏置:必须存在一种偏置条件,使 2 个双极型晶体管导通的时间足够长,以使通过发射结的电流能达到定义的开关转换电流的水平。一般来说,双极管的导通都是由流过 1 个或 2 个发射极/基极旁路电阻的外部激发电流所引起的。

环路增益大于 1,此条件可表示为 2 个寄生三极管的电流放大倍数 $\beta_{NPN}\beta_{PNP} \geqslant 1$。电源所提供的最大电流大于寄生可控硅导通所需要的维持电流。

9.4.3 闩锁效应的防护

体硅 CMOS 中的闩锁效应起因于寄生 NPN 和 PNP 双极型晶体管形成的 PNPN 结构,若能使 2 个晶体管的小信号电流增益之和小于 1,闩锁效应就可避免。

1. 工艺级防闩锁措施

此措施是将双极型晶体管的特性破坏掉,即通过改进 CMOS 制造工艺,用减少载流子运输或注入的方法来达到破坏双极型晶体管的作用。

(1) 降低少数载流子的寿命可以减少寄生双极型晶体管的电流增益,一般使用金掺杂或中子辐射技术,但此方法不易控制且会导致漏电流的增加。

(2) 使用埋层(倒转阱)技术,可以减小寄生三极管的阱电阻,防止寄生三极管发射结导通。

(3) 将器件制作于重掺杂衬底上的低掺杂外延层中。重掺杂衬底提供一个收集电流的高传导路径,降低了 R_s,若在阱中加入重掺杂的 P^+ 埋层(或倒转阱),又可降低 R_w。实验证明,此方法制造的 CMOS 电路有很高的抗闩锁能力。

(4) 可通过沟槽隔离结构来加以避开。在此技术中,利用非等向反应离子溅射刻蚀,刻蚀出一个比阱还要深的隔离沟槽。接着在沟槽的底部和侧壁上生长一热氧化层,然后淀积多晶硅或二氧化硅,以将沟槽填满。因为 N 沟道与 P 沟道的 MOSFET 被沟槽隔开,所以此方法可以消除闩锁效应。

以上措施都是对传统 CMOS 工艺技术的改造,更先进的工艺技术如 SOI(Silicon on Insulator)等能从根本上消除闩锁效应的产生,但工艺技术相对来说要复杂一些。

2. 版图级防闩锁措施

此措施是将两个双极型晶体管间的耦合去掉,即防止一个双极管导通另一个双极管,这可通过版图设计和工艺技术来实现。

(1) 加粗电源线和地线,合理布局电源接触孔,减小横向电流密度和串联电阻。采用接衬底的环形 V_{DD} 电源线,并尽可能将衬底背面接 V_{DD}。增加电源 V_{DD} 和 V_{SS} 接触孔,并加大接触面积。对每一个接 V_{DD} 的孔都要在相邻的阱中配以对应的 V_{SS} 接触孔,以便增加并行的电流通路。尽量使 V_{DD} 和 V_{SS} 的接触孔的长边相互平行。接 V_{DD} 的孔尽可能安排得离阱远些,接 V_{SS} 的孔尽可能安排在 P 阱的所有边上。

（2）加多子保护环或少子保护环。其中多子保护环主要可以减少 R_s 和 R_w。少子环可以预先收集少子，减小横向三极管的 β 值，从而达到减小闩锁效应的目的。

3. 电路级防闩锁措施

要特别注意电源跳动。防止电感元件的反向感应电动势或电网噪声窜入 CMOS 电路，引起 CMOS 电路瞬时击穿而触发闩锁效应。因此在电源线较长的地方，要注意电源退耦，此外还要注意对电火花箝位。

防止寄生晶体管的发射结正偏。输入信号不得超过电源电压，如果超过这个范围，应加限流电阻。因为输入信号一旦超过电源电压，就可能使发射结正偏而使电路产生闩锁效应。输出端不宜接大电容，一般应小于 $0.01\,\mu F$。

电流限制。CMOS 的功耗很低，所以在设计 CMOS 系统的电源时，系统实际需要多少电流就供给它多少电流，电源的输出电流能力不要太大。从寄生可控硅的击穿特性中可以看出，如果电源电流小于可控硅的维持电流，那么即使寄生可控硅有触发的机会，也不能维持闩锁，可通过加限流电阻来达到抑制闩锁的目的。

综上所述，CMOS 电路具有其他电路无法比拟的低功耗，它是在 ULSI 领域最有前途的电路结构。但传统的 CMOS 电路的工艺技术会产生与生俱来的闩锁效应（当然必须满足闩锁形成的 3 个条件），从而限制了它的应用。一般可以从版图设计、工艺过程及电路应用等方面采取各种技术措施，尽可能地避免、降低或消除闩锁的形成，从而为 CMOS 电路的广泛应用奠定基础。

4. 版图设计防闩锁经验常识

（1）每个阱必须有一适当类型的衬底接触。

（2）每个衬底接触应该通过金属直接连到电源压焊点上（也就是电源线没有扩散地道或多晶硅地道）。

（3）衬底接触应尽可能靠近 MOS 管的源区（也就是 N 型器件的 V_{SS}，P 型器件的 V_{DD}）。这就减少了 R_s 和 R_w 的阻值，还有一个非常保守的规则就是在每个电源处设置一个衬底接触。

（4）每 5～10 个逻辑 MOS 管制作一个衬底接触。

（5）把 N 型 MOS 管并在一起并靠近 V_{SS}，把 P 型 MOS 管并在一起并靠近 V_{DD}，应避免把 N 型器件和 P 型器件交错排列成棋盘形的盘旋结构。

（6）在输入/输出 PAD 中，由于流过大的电流，存在大的寄生电阻，因此最有可能出现闩锁效应。往往就采用规则（5），从物理上分开 N 型管和 P 型管（采用压焊块）。

（7）最常用的有效预防闩锁效应的方法是增加保护环，这也是目前我们最常用的方法。

9.4.4　总结

版图设计时,要尽量降低电路密度及衬底和阱的串联电阻,伪收集极的引入,可以切断形成闩锁的回路。设计工艺时,可以采用适量的金掺杂、深阱、高能离子注入形成倒转阱、低阻外延技术等来降低寄生晶体管的电流增益和串联电阻,沟槽隔离基本上可以完全切断形成闩锁的回路,更先进的硅技术可以完全消除闩锁的形成。电路应用时,要尽量避免噪声的引入和附加限流电阻等措施。

版图设计,很多时候是依靠版图设计人员凭借自己丰富的经验和理论知识,并借助一些常规的工具来完成的,这就对版图设计人员的经验和素质有较高的要求。因此熟悉和掌握版图设计的各种失效原理和解决方法显得尤为重要,它能够帮助我们高质量地完成版图设计。

虽然很多工艺都有避免闩锁效应产生的规则,但这些通常只是在一定范围内有效,并不能保证不会发生闩锁效应。PNPN 的寄生结构在 CMOS 工艺中是固有存在的,只是没有足够的增益使它们建立起正反馈,但是少数载流子注入仍会发生。这些被收集的载流子仍然能够引起电路故障。如果在电路中形成正反馈,这些故障仍能引起闩锁效应,这个原理的重要性常常被低估。许多集成电路都存在不曾预料的少数载流子注入,从而使闩锁效应的产生成为可能。即使它没有发生,但仍有可能使电路产生故障。

一个逻辑元件、电路或系统,由于某种原因而导致其不能完成应有的逻辑功能,则称这个元件、电路或系统已经失效。而故障是指一个元件、电路和系统的物理缺陷,它可以使这个元件、电路和系统失效,也可能不失效,换句话说,存在一定故障的元件、电路和系统仍有可能完成其固有的逻辑功能。

经过小心地设计和布图,大多数情况下闩锁效应是可以避免的。在设计各种电路,特别是大电流电路时,要小心避免那些会引起闩锁效应的条件。

参 考 文 献

［1］ Allen P E，Holberg D R.CMOS 模拟集成电路设计［M］.冯军,李智群,译. 2 版.北京:电子工业出版社,2005.

［2］ Analog Devices Engineering Staff. Practical design techniques for power and thermal management［M］. Norwood:Analog Devices,1998.

［3］ Brokaw A P. A simple three-terminal IC bandgap reference［J］. IEEE Journal of Solid-State Circuits,1974,9(6):388-393.

［4］ Franco S. Design with operational amplifiers and analog integrated circuits［M］.Beijing:China Machine Press,2015.

［5］ Palumbo G. Voltage references: from diodes to precision high-order bandgap circuits［Book Review］［J］. IEEE Circuits and Devices Magazine,2002,18(5):45.

［6］ Razavi B. Design of analog CMOS integrated circuits［M］. New York: McGraw-Hill,2002.

［7］ Saint C,Saint J.集成电路掩模设计:基础版图技术［M］.周润德,金申美, 译.北京:清华大学出版社,2006.

［8］ Tsividis Y P,Ulmer R W. A CMOS voltage reference［J］.IEEE Journal of Solid-State Circuits,1974,9(6):388-393.

［9］ Virtuoso. Virtuoso layout editor user guide:product version:4.4.6［EB/ OL］.(2000-06-01)［2019-04-28］. https://www. docin. com/p-984939236. html.

［10］ 北京大学电子仪器厂.晶体管原理与设计［M］.北京:科学出版社,1977.

［11］ 蔡依林.器件充电放电模式的静电防护［J］.信息技术与标准化,2008(10).

［12］ 曾凡太,边栋,徐胜朋.物联网之芯:传感器件与通信芯片设计［M］.北京:机 械工业出版社,2019.

［13］ 曾惠斌.AD 比较电路模块版图设计［D］.珠海:北京理工大学珠海学 院,2010.

［14］ 曾庆贵,姜玉稀.集成电路版图设计教程［M］.上海:上海科学技术出版 社,2012.

［15］ 曾庆贵.集成电路版图设计［M］.北京:机械工业出版社,2008.

[16] 常青.微电子技术概论[M].北京:国防工业出版社,2006.

[17] 陈金松.模拟集成电路:原理、设计、应用[M].合肥:中国科学技术大学出版社,1997.

[18] 陈曦.超大规模集成电路可靠性设计的关键技术研究[D].西安:西安电子科技大学,2003.

[19] 戴猷元,张瑾.集成电路工艺中的化学品[M].北京:化学工业出版社,2007.

[20] 邓永孝.半导体器件的静电损伤及防护[J].长岭技术与经济,1992(3).

[21] 杜中一.半导体技术基础[M].北京:化学工业出版社,2011.

[22] 关旭东.硅集成电路工艺基础[M].北京:北京大学出版社,2014.

[23] 郭昌宏,周金成,李习周,等.集成电路 ESD 防护浅析[J].电子工业专用设备,2018(3).

[24] 洪志良.模拟集成电路分析与设计[M].北京:科学出版社,2005.

[25] 黄昆,韩汝琦.半导体物理基础[M].北京:科学出版社,1979.

[26] 集成电路教育网.放大器及其分类[EB/OL].(2006-08-30)[2019-04-30]. http://www.eepw.com.cn/article/16080.htm.

[27] 蒋玉贺,王爽.CMOS 集成电路 ESD 设计[J].微处理机,2008(3).

[28] 李柏雄.高保真功率放大器制作教程[M].北京:电子工业出版社,2016.

[29] 李冰.集成电路 CAD 与实践[M].北京:电子工业出版社,2010.

[30] 李东生.EDA 与电子设计导论[M].北京:清华大学出版社,2013.

[31] 李东生.电子设计自动化与 IC 设计[M].北京:高等教育出版社,2004.

[32] 李伟华.VLSI 设计基础[M].2 版.北京:电子工业出版社,2013.

[33] 李祥生.深亚微米运算放大器的研究[D].天津:南开大学,2004.

[34] 李兴.超大规模集成电路技术基础[M].北京:电子工业出版社,1999.

[35] 梁竹关,赵东风.MOS 管大规模集成电路设计基础[M].北京:科学出版社,2011.

[36] 林健.信息材料概论[M].北京:化学工业出版社,2007.

[37] 陆学斌.集成电路 EDA 设计仿真与版图实例[M].北京:北京大学出版社,2018.

[38] 陆学斌.集成电路版图设计[M].北京:北京大学出版社,2012.

[39] 罗萍,张为.集成电路设计导论[M].北京:清华大学出版社,2010.

[40] 吕江平.集成电路(IC)中电阻的设计[J].集成电路通讯,2005(3).

[41] 孟祥忠.微电子技术概论[M].北京:机械工业出版社,2009.

[42] 潘桂忠.MOS 集成电路工艺与制造技术[M].上海:上海科学技术出版社,2012.

[43] 裴素华.半导体物理与器件[M].北京:机械工业出版社,2008.

[44] 钱敏,黄秋萍,李文石.CMOS 集成电路抗闩锁策略研究[J].集成电路应用,

2005(2).

[45] 钱敏.CMOS集成电路闩锁效应的形成机理和对抗措施研究[J].苏州大学学报(自然科学版),2003(4).

[46] 区健锋.VFD驱动控制专用电路的设计研究[D].西安:西安电子科技大学,2007.

[47] 上海无线电十九厂,复旦大学四一工厂.半导体集成电路:上册[M].上海:上海人民出版社,1971.

[48] 宋睿.集成电路的测试与故障诊断研究[N].科技创新与应用,2016(13).

[49] 汤炜,林争辉,朱以南,等.一种新颖的集成电路版图验证方法[J].微电子学,2003(2).

[50] 田宝勇,付强.运用器件模拟软件验证一种GGNMOS ESD保护电路的设计方案[J].辽宁大学学报(自然科学版),2009(1).

[51] 王桂凤.人才、创新与中国的集成电路事业[J].中国科技成果,2003(11).

[52] 王国裕,刘忠立.反向设计何时了[N].光明日报,2001.

[53] 王昊鹏.CMOS工艺下集成电路内部ESD保护电路结构研究与可靠性分析[D].天津:天津大学,2007.

[54] 王蔚,田丽,任明远.集成电路制造技术原理与工艺[M].北京:电子工业出版社,2013.

[55] 王阳元.集成电路工艺基础[M].北京:高等教育出版社,1991.

[56] 王志功,陈莹梅.集成电路设计[M].2版.北京:电子工业出版社,2009.

[57] 王志功,陈莹梅.集成电路设计[M].3版.北京:电子工业出版社,2013.

[58] 王志功,景为平,孙玲.集成电路设计技术与工具[M].南京:东南大学出版社,2007.

[59] 王志功,朱恩,陈莹梅.集成电路设计[M].北京:电子工业出版社,2006.

[60] 王志功.集成电路设计与九天EDA工具应用[M].南京:东南大学出版社,2004.

[61] 魏少军.追求卓越:现状与奋斗之路[J].中国集成电路,2016(11).

[62] 魏晓霞.反向与正向设计已不单是方法之争[N].中国电子报,2002.

[63] 吴建辉.CMOS模拟集成电路分析与设计[M].北京:电子工业出版社,2004.

[64] 吴建辉.CMOS模拟集成电路分析与设计[M].北京:电子工业出版社,2011.

[65] 徐骏华,向宏莉,令文生.CMOS集成电路的ESD模型和测试方法探讨[J].现代电子技术,2004(9).

[66] 闫锐.集成电路静电放电(ESD)保护器件及其保护机理的研究[D].兰州:兰州大学,2007.

[67] 杨之廉.集成电路导论[M].北京:清华大学出版社,2003.

[68] 张国忠.晶体管原理[M].天津:天津科学技术出版社,1983.

[69] 张红.集成电路设计与项目应用[M].北京:机械工业出版社,2012.

[70] 张金艺.数字系统集成电路设计导论[M].北京:清华大学出版社,2017.

[71] 张兴,黄如,刘晓彦.微电子学概论[M].2版.北京:北京大学出版社,2005.

[72] 张兴,黄如,刘晓彦.微电子学概论[M].3版.北京:北京大学出版社,2010.

[73] 张兴.微电子学概论[M].北京:北京大学出版社,2000.

[74] 章晓文,恩云飞.半导体集成电路的可靠性及评价方法[M].北京:电子工业出版社,2015.

[75] 郑英兰.基于 CMOS 工艺设计 GGNMOS ESD 保护电路[J].仪表技术与传感器,2010(4).

[76] 朱琪,华梦琪.CMOS 工艺中抗闩锁技术的研究[J].电子与封装,2014(4).

[77] 朱正涌,张海洋,朱元红.半导体集成电路[M].北京:清华大学出版社,2009.

[78] 朱正涌.半导体集成电路[M].北京:清华大学出版社,2001.